RANGREN JINGJIAO DE TANGSHUANG BINGGAN

让人惊叫的糖霜饼干

【韩】金旻柱 著　　苏西　杨朔 译

北方妇女儿童出版社

长春

图书在版编目（ＣＩＰ）数据

让人惊叫的糖霜饼干 / (韩) 金旻柱著 ; 苏西, 杨朔译
. -- 长春：北方妇女儿童出版社, 2017.5
　ISBN 978-7-5585-0073-2

　Ⅰ.①创… Ⅱ.①金… ②苏… ③杨… Ⅲ.①饼干—
制作 Ⅳ.①TS213.2

中国版本图书馆CIP数据核字(2016)第164038号

귀여운 아이싱 쿠키 만들기

著作权合同登记号：图字07-2016-4695号

出 版 人	刘　刚
出版统筹	师晓晖
策　　划	马百岗
责任编辑	张晓峰
版式制作	慢半拍·任　鸽
开　　本	787mm×1092mm　1/16
印　　张	9.5
字　　数	200千字
印　　刷	小森印刷（北京）有限公司
版　　次	2017年5月第1版
印　　次	2017年5月第1次印刷
出　　版	北方妇女儿童出版社
发　　行	北方妇女儿童出版社
地　　址	长春市人民大街4646号
邮　　编	130021
电　　话	编辑部：0431-86037512
	发行科：0431-85640624
定　　价	39.80元

突然想起 12 年前第一次使用烤箱那天，我将做饼干的面和好后放入烤箱，等待的时间里心里充满激动和紧张，"我亲手做的饼干能成功吗？"一边带着紧张一边打开烤箱门。另人意外的是，饼干处女座非常成功，那种满足感我到现在都记得。从此之后，我便爱上了烤箱，兴趣也渐渐成了职业。

10 年前，在德国旅行时，我第一次看到了糖霜饼干，圣诞节闹市才开的市场上售卖的糖霜饼干就如同首饰和纪念品一样，令人一见钟情。我就是从那时开始做糖霜饼干的，在饼干上作画成了我的乐趣。当时在韩国关于糖霜饼干的信息很少，所以为了做出更漂亮的糖霜饼干我费尽心思，当然我也乐在其中。

所谓"糖霜饼干"就是在饼干上画上各种颜色的糖霜（蛋清、糖粉、柠檬汁混合而成的糖衣）装饰而成的饼干。因为颜值高，经常被当作餐后甜点和礼物。但在我刚开始做糖霜饼干的时候，几乎没有人知道它。"这个可以吃吗？"很多人第一眼看到糖霜饼干的时候往往会有这样的疑问。

如今，韩国关注糖霜饼干的人越来越多，写这本书对我来说是个挑战，我希望能够介绍给不了解糖霜饼干的人，或者帮助对制作糖霜饼干感兴趣的人们。这本书是我这 10 年来制作糖霜饼干的经验总结。

　　感谢亲爱的老公和美丽的女儿，还有提供各种支持的父母，让我能够做自己喜欢的事。

金旻柱

目录

Chapter 1
基础知识

基础知识

这部分是制作糖霜饼干的基础知识。
你可以学到从制作饼干到装饰糖霜的方法。

基本工具

烘焙需要很多工具。这些工具大多可以长期使用，工具齐全便时刻可以做烘焙。在超市等地就能轻松购买到烘焙工具，我们可以先从基本工具开始准备。

◆ **制作饼干的工具**

①**烤箱**　家庭用烤箱有面包烤箱、多功能烤箱（微波炉兼用）、燃气烤箱、电子烤箱等多个种类。根据书中介绍的配方、温度以及时间不同可选用不同的烤箱。

②**隔热手套**　烤箱的烤盘温度非常高，所以一定要佩戴烤箱用隔热手套。

③**秤**　1g的差距所做出来的饼干都会有所不同，因此为了用量准确，秤是非常必要的。

④**量匙和量杯**　在测量少量液体或面粉时，使用量匙非常方便。量匙分为1Ts（1大匙）、1ts（咖啡量匙1小匙）、1/2ts（1/2小匙）、1/4ts（1/4小匙），1Ts为15g，1ts为5g。

量杯则用于测量大量食材。请水平使用量匙和量杯。

⑤**盆（饼干用）**　用来盛放材料。盆的薄厚、深浅以及尺寸根据不同用途可有多种选择。本书中的糖霜饼干在制作过程中需要比较深的盆。

⑥**筛子**　用于筛面粉。它能够将结块的面粉分散开来，并且将杂质筛除。

⑦**手提式搅拌机**　做蛋白脆饼或混合面团时使用它能够提高效率。

⑧**打蛋器**　搅拌材料时使用，主要在搅拌少量食材时使用。

⑨**铲子**　搅拌材料或者做面团时使用，也用作整理盆中面团。

⑩**锡纸**　整理面团，以及切面团时使用。也可以代替刮刀用来刮饼干糖霜。

⑪**油纸和高温油布**　烘焙饼干时要将油纸或高温油布铺在烤箱烤盘上。

⑫**擀面杖**　擀面的时候使用。

⑬**饼干模具**　用于制作不同形状的饼干。有塑料和不锈钢等多种材质。尤其是不锈钢材质的饼干模具可以很好地做到与水分离，而且不易生锈。

⑭**披萨轮刀或者其他刀具**　需要精雕细琢或者缺少需要的饼干模具的时候可以使用。

⑮**一次性保鲜膜和保鲜袋**　用来包裹、保存面团使用。

⑯**冷凉网**　从烤箱中取出的饼干要放在冷凉网上充分凉凉后在进行包装。

◆ 糖霜作画的工具

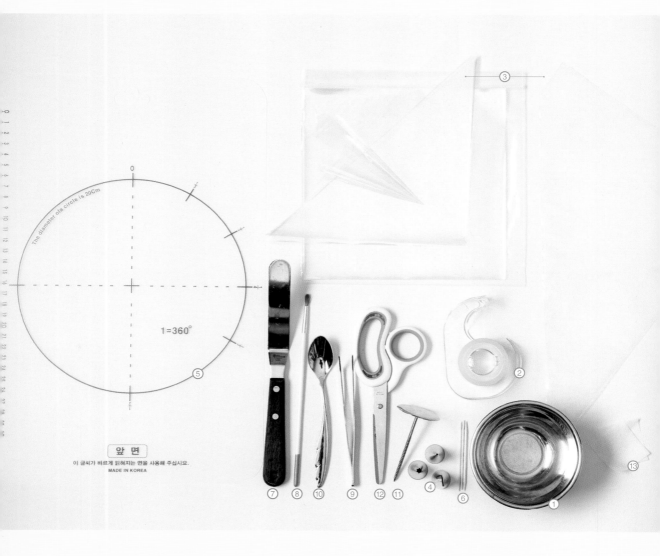

①**小盆（糖霜作画用）** 小盆中可以盛放糖霜糖浆，可以调节想要的颜色，最好选用不锈钢材质。

②**遮蔽胶带或透明胶带** 在制作裱花袋的时候能够用得上。

③**裱花袋以及做裱花袋用的塑料** 可以将糖霜放入其中装饰饼干时使用。

④**裱花嘴** 安装在裱花袋上使用，可以制作各式花样。

⑤**砧板** 制作饼干时一般会将其放置在砧板上。

⑥**牙签或者针** 这个工具可以帮助你在饼干上游刃有余地勾画任何线条。

⑦**烘焙铲子** 主要用于移动烤箱里的饼干面团。

⑧**面粉刷** 刷面粉或上色时使用，也可用来扫除饼干的异物或修整糖霜。

⑨**镊子** 主要用于夹取细小的黏着物等。

⑩**茶匙** 用于盛取和好的糖霜等。

⑪**花托** 在制作花朵时使用。

⑫**剪刀** 制作裱花袋时使用。

⑬**油纸** 用纸样做饼干时使用。

基础材料

烘焙入门新手最先学习制作的往往就是饼干，因为饼干的制作比蛋糕、面包的制作材料以及工具更简单，比较容易挑战。如果想要学习制作糖霜饼干，就要从制作饼干开始。下面我们来介绍一下糖霜材料、装饰材料和饼干材料。

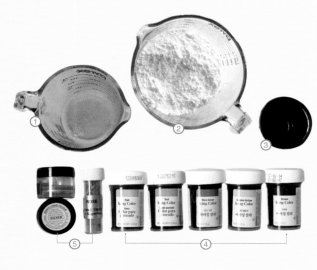

◆ 糖霜材料

①蛋清　最好将蛋清和蛋黄分开来使用。如果能将蛋清进行杀菌处理就更好了。

②糖粉　如果不喜欢淀粉含量100%的糖粉，可以使用低淀粉含量的糖粉。

③柠檬汁　能起到杀菌的作用，能够让糖霜颜色更鲜艳，还能够起到让糖霜快速干燥的作用。

④食用色素　主要使用惠尔通色素（译者注：美国烘焙品牌。）

⑤珍珠粉　金色或者银色的珍珠粉、玫瑰色珍珠粉用于后期装饰。

◆ 装饰材料

主要用在饼干或蛋糕的后期装饰上。主要的装饰材料是糖。

圆形糖珠（小）	圆形糖珠（中）	心形糖珠	白色珍珠糖珠	雪花模样糖珠	水晶糖粒	银色珍珠糖珠（小）	银色珍珠糖珠（中）

◆ 饼干材料

①无盐黄油，植物油　烘焙时主要使用不含盐的无盐黄油。黄油一般放在冰箱中保管，但使用时要用室温状态下的黄油。用手指按压黄油时感觉轻微柔软即可，如果融化过度，在制作饼干时，不容易展开。有时也用植物油来代替黄油，需要注意的是不同的材料，做出来的味道和口感是不同的。

②香草豆　香草树的果实香草豆是散发香草味道的天然材料。市面上售卖的香草味食物为了降低成本大部分使用的都是人工香料。家庭烘焙则最好使用香草豆，香草豆制作的甜点更美味。

③白糖　虽然在制作饼干的时候一般使用白糖，但制作不同的饼干有时也会使用黄糖和黑糖。除此之外，根据粉末类型还可分为糖粉、蔗糖等。

④炼乳、龙舌兰糖浆、糖稀　有时会取代白糖使用。

⑤鸡蛋　制作饼干前要先将鸡蛋从冰箱里取出，放置于室温状态下。

⑥低筋面粉　面粉分为高筋面粉、中筋面粉和低筋面粉三种。低筋面粉 → 中筋面粉 → 高筋面粉，其蛋白质含量依次增多。在制作面包时通常使用高筋面粉，制作饼干时则通常使用低筋面粉，其谷蛋白含量低，做出来的饼干口感更脆。也可以使用万能的中筋面粉，但本书中主要使用低筋面粉。

⑦无糖可可粉　可可豆磨成的可可粉主要用来制作可可饼干或巧克力蛋糕。

制作饼干

在制作糖霜饼干之前，先要制作饼干面团。按本书介绍的配方制作的饼干甜味比较淡，很适合给孩子们当作零食。

材料　无盐黄油 100g，糖粉 90g，鸡蛋 40g，盐一撮，低筋面粉 200g(制作可可饼干则需要低筋面粉190g+可可粉10g)

准备　事先将黄油和鸡蛋从冰箱中取出放置室温，用手指按压黄油，轻微柔软即可。但如果黄油过长时间放置在室温下，黄油会过度融化，做出来的饼干就会易碎。用筛子筛低筋面粉。

将黄油放在碗中，用打蛋器搅拌至像蛋黄酱一样的柔软状态。

放入糖粉，搅拌。

搅拌至颜色发白。

放入鸡蛋，用打蛋器快速搅拌至产生泡沫。放鸡蛋时呈现的是分离状态，所以要快速搅拌。

产生的泡沫样子。

如果量大，可以将面粉分2~3次搅拌。

放入低筋面粉，用勺子轻轻搅拌直至面粉消失。（如果制作可可饼干，就放入可可粉10g和低筋面粉190g。）

使用打蛋器或者搅拌器搅拌会形成谷蛋白，这样做出来的饼干口感不好，因此最好用小勺子轻轻搅拌至看不到生粉的程度。

为了让面粉成块状要不停地用勺子搅拌。

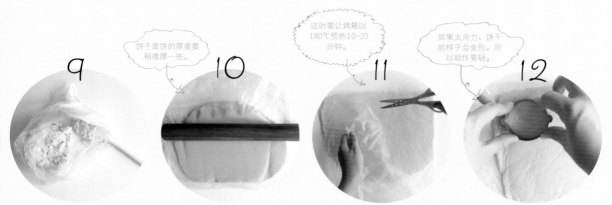

9
将面团装入保鲜袋中。

> 饼干面饼的厚度要稍微厚一些。

10
然后用擀面杖擀平，普通的饼干0.5~0.8cm厚即可，但糖霜饼干则最好厚一些（大概1~1.5cm）。

> 这时要让烤箱以180℃预热10-20分钟。

11
放入冰箱保存至少1个小时后取出，去掉外面的保鲜袋。

> 如果太用力，饼干的样子会变形，所以动作要轻。

12
将饼干模具轻轻放在面饼上，然后轻轻按压。

13
用模具将饼干做出来。

14
用手指将做好的饼干抠出来，放在油纸上，然后放在烤盘上。

> 饼干在烘烤过程中会膨胀，因此摆放的时候四周要间隔2cm左右的距离。

15

放入烤箱，以180℃温度烘烤10~15分钟。根据所使用的烤箱也会有所差异，饼干边缘变成褐色时便可以取出。用手指轻轻触摸有弹性便完成了。从烤箱中取出的饼干要放置在冷凉网上晾一下。

◆ 姜饼制作

材料 无盐黄油 80g，黄砂糖 60g，盐一撮，发酵粉 1g，鸡蛋一个，低筋面粉 150g，生姜粉 4g，锡兰肉桂粉 2g

① 将黄油放在碗中，用打蛋器搅拌至像蛋黄酱一样的柔软状态。
② 放入黄砂糖搅拌，同时放入盐。
③ 当面团产生泡沫时放入鸡蛋，快速搅拌。
④ 放入事先筛好的面粉（发酵粉、低筋面粉、生姜粉、锡兰肉桂粉），用勺子轻轻搅拌。
⑤ 做好的面团，一块放在保鲜袋里，用擀面杖擀至需要的厚度。
⑥ 如饼干制作方法的步骤11-15继续。

Tip
① 烘焙饼干最佳赏味期一般在7-10天，最多可保存3周。
② 剩下的面团可以放在保鲜袋中然后用擀面杖擀平后放入冰箱冷冻室储存。在冷冻室内可储存1个月左右，使用时自然解冻即可。
③ 用饼干模具便可制作出自己想要的形状，最开始做的时候还不熟练很难一次成功，经常是饼干与饼干之间粘连在一起。用油纸直接将饼干放入烤箱也是一种方法。

造型制作

利用饼干模具可以做出很多造型的饼干，但如果买很多饼干模具又经常用不到，想用的时候又没有。那么这里我们将介绍一些饼干造型的方法。

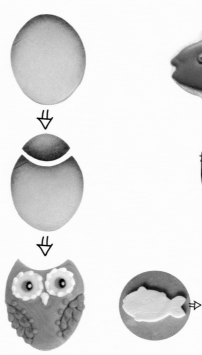

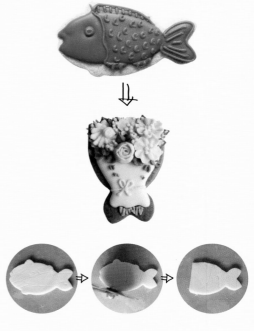

◇ **装饰**

虽然饼干的形状相同，但在上面画不同的图画，饼干就变得不同了。

◇ **利用基础饼干模具**

利用基础饼干模具可以做出很多饼干造型，例如，猫头鹰造型可以使用鸡蛋造型模具切出鸡蛋形状后在上半部再切一次即可。

◇ **利用饼干模具和刀**

利用基础饼干模具切出造型后，可以再用刀切割成自己想要的形状。例如在用模具切割出来鱼形状的饼干上，将头部和鱼鳍切掉，就变成了花束的形状。

◆ 自己DIY造型

想制作属于自己的个性饼干的话，可以自己动手DIY饼干的造型，因为要逐个制作，所以适用于少量制作时。

像做纸人一样，在稍厚一点的纸或者OHP透明胶片上画出想要的形状，然后用剪刀剪下来。

将其放置在饼干面团上面，接着用披萨刀或者普通刀切出相同形状的面团。

烘烤饼干。

用糖霜装饰饼干。

> **Tip**
> **可以定制饼干模具的地方**
> 如果觉得自己制作模具太麻烦，也可以到专业烘焙的地方定制模具。将想要的形状图片扫描后发送，或通过PS、AI制作也可以，定制的时候告知材质等即可。如果家中有3D打印机直接打印也可。
>
> · **饼干模具订制** Mycookidea, Pippirim
> · **饼干模具售卖** Teantable, 亚马逊, 芳山市场(线下)

> **Tip**
> ①**饼干模具的清洗**
> 使用过的饼干模具可以用柔软的布擦洗，或者用流水冲洗后，用洗碗巾擦净水分即可。
>
> ②**饼干模具的储存**
> 饼干模具易损坏变形，所以最好装在模具专用保管盒里。

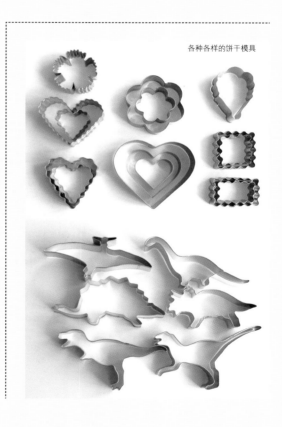

各种各样的饼干模具

O5 糖霜制作

如果想在饼干上写字或画画，那就需要糖霜。制作糖霜的基础材料有糖粉、蛋清、柠檬汁。将它们放在搅拌碗里搅拌形成糖霜，不同的浓度有写字、画画等不同的用途。不同的颜色可以制作不同色彩的饼干。

材料 糖粉180g，蛋清 1个（30g），柠檬汁 1小杯

用刮刀将其移至小盆中使用

1　将蛋清和柠檬汁放在盆里，用打蛋器轻轻搅拌。

2　放入糖粉，用打蛋器打发。

3　如图所示，液体不会流下即可。

Tip 用蛋白脆饼粉和清水来代替蛋清
如果不喜欢蛋清特有的腥味，则可以使用蛋白脆饼粉和清水来代替蛋清和柠檬汁。不同的饼干，其用量也不同，所以请参照制作各种饼干的说明来使用。使用后剩下的蛋白脆饼粉要放置在冰箱内储存，用蛋清制作的蛋白脆饼能保存3日，而蛋白脆饼粉制作的蛋白脆饼则可以保存1个月。

1

2

※ 浓度调节

①如果糖浆过稀可以加入糖粉。
②如果糖浆过浓则可以加入柠檬汁。
③糖浆的浓度可以分为以下三种。

3-1

3-2

3-3

流动糖霜　　　　　　　中度糖霜　　　　　　　硬性糖霜

Tip 较稀的流动糖霜主要用在填充饼干表面，而较浓的糖浆则用来写字和作画。

糖霜调色

即使是相同的图画，但颜色不同带给我们的感觉也不同。
让我们来制作五彩缤纷的糖霜饼干吧。

◆ 单一色素制作(粉红色、大红色、红色)

1
用牙签蘸取少量色素放入糖浆中。

2
如果放入红色色素便可以制作出红色糖浆。

3
根据需求可调整色素含量。

4
如果继续加入红色色素则能够制作出大红色糖浆。

5
红色色素加入得越多颜色越暗。

◆ 混合色素制作(橘红色)

1
用牙签蘸取少量色素放入糖浆中。如果只放一点红色色素则能够制作出粉红色糖浆。继续加入红色色素则颜色越深。

2
用牙签蘸取少量黄色色素放入红色糖浆中，直至形成橘黄色糖浆。

※ **本书中主要使用惠尔通色素。**　主要分为红色●、天蓝色●、柠檬黄○、金黄色○、黄绿色 ●、绿色●、紫色●、棕色●、黑色●等基本颜色，还可以打造出很多其他颜色。

※ **粉末色素和液体色素的差异**　在做蛋糕或面包时通常会使用天然粉末或食用色素，但制作糖霜时则不能使用粉末色素，因为粉末粒子和糖霜糖浆混合不易溶化，在制作糖霜饼干时使用不方便。

※ **调色方法**

象牙色○ ⇒ 白色(糖浆)○ + 橘黄色●

粉红色○ ⇒ 白色(糖浆)○ + 红色●

大红色● ⇒ 白色(糖浆)○ + 红色●

橘黄色● ⇒ 白色(糖浆)○ + 红色●、黄色○

紫色● ⇒ 白色(糖浆)○ + 红色●、蓝色●

天蓝色● ⇒ 白色(糖浆)○ + 蓝色●

浅蓝色○ ⇒ 白色(糖浆)○ + 蓝色●

薄荷色● ⇒ 白色(糖浆)○ + 蓝色●、绿色●

绿色● ⇒ 白色(糖浆)○ + 蓝色●、黄色○

浅绿色○ ⇒ 白色(糖浆)○ + 绿色●

灰色● ⇒ 白色(糖浆)○ + 黑色●

* 在基础色上不停加入色素直至达到自己想要的颜色。

裱花袋制作

糖霜用的裱花袋也被叫作"蛋卷"，比起普通的裱花袋要稍小一些，手感更好，更适合做糖霜饼干。
如果要做比较大的饼干，则需要使用稍大一点的裱花袋。

◆ **勾画薄线条需要的裱花袋**

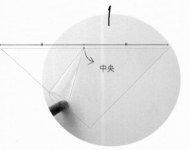

将直角三角形裱花袋用塑料袋或者纸，从一边折叠。

尖角的部分不要有缝隙。

从塑料袋下面再次确认是否卷好。

用胶带固定，要保证圆锥形的稳固。

完成！

◆ 用裱花袋盛装糖霜

_1_

用茶匙舀一匙糖霜放入裱花袋中，填充至60%左右（不能放太多，否则会溢出来）。

_2_

裱花袋中隔离空气，扎紧袋口。

_3_

用透明胶带封住入口，使用的时候挤压即可。

◆ 用裱花嘴转换器夹住裱花袋

_1_

将裱花嘴转换器放入裱花袋的时候，要减掉裱花袋尖尖的部分的1/3。

_2_

裱花嘴转换器

将裱花嘴转换器放入裱花袋。

_3_

将裱花嘴转换器露出1/3。

_4_

裱花嘴

裱花嘴环

扎紧裱花嘴，用裱花嘴环固定。

_5_

用刮刀或者勺子将糖霜放入裱花袋。

_6_

用事先准备好的密封夹将裱花袋密封住。

Tip **裱花袋再次利用的方法**

裱花袋也可以二次利用，为了防止糖霜流出，可以将糖霜用保鲜膜包裹起来密封住，使用的时候用剪刀剪开放入裱花袋即可。

①

②

08 线条和圆点

在做糖霜饼干时，其中一个难点就是线条的勾画。不能弯曲、大小粗细一致的线条可比想象的难得多。初学者要多多练习才行。

◆ 直线的画法

1

2

3

用力挤按裱花袋，从起点向终点方向移动。要稍稍提起裱花袋（大约1cm），这样画出来的直线就会比较直。如果离得太近，画出来的直线就会凹凸不平。

将裱花袋稍微提起画完直线。

不同粗细的各种直线。

◆ 曲线的画法

1

2

用力挤按裱花袋，从起点向终点方向移动画出水波的模样。

将裱花袋稍微提起画完曲线。

◆ 圆点的画法

1

2

将裱花袋垂直置于饼干上方，一点一点挤出糖霜。

大小可依据需要进行调整。

铺面

对于糖霜饼干，最基本的就是铺面。铺面虽然看起来难，但只要用类似牙签或者针这样的专门工具多次练习，就能够做出漂亮的饼干了。

◆ 铺面（圆形）

勾勒出饼干边缘。

将内部填满。

填充完毕。

如果感到表面凹凸不平，可以将饼干上下左右轻轻晃动一下，令其变平整。

如果个别部分凹凸不平，可以用牙签稍微作整理。

◆ 圆点图案

勾勒出饼干边缘，然后将内部填满。

在铺面糖霜还没变干之前点上圆点。

点好的圆点图案。

Tip 成果对比

平面感：在还未变干之前点上的圆点

立体感：在变干后点上的圆点

①根据天气，糖霜风干速度也不同
在潮湿的夏季，即使饼干做好，也需要更多时间让其风干。即使全部风干也有可能再次回软，使得糖霜饼干表面花掉，为了防止出现这种情况，最好用硅胶包装保存。
②如果想让饼干完美风干
一般情况，做好的糖霜饼干想要完全风干需要一整天的时间。因此如果想要在饼干表面再次作画，需要在画完糖霜之后等待半天到一天的时间。这里虽然表面风干时间很短，但是如果想要里面也完全干掉则需要更充裕的时间。

◆ 大理石花纹图案

在饼干表面糖霜还未干时画上直线。

用针或者牙签从上向下、从下向上反复勾画。

大理石花纹完成。

◆ 格子纹图案1

为了让线条更加清晰鲜明，最好使用硬性糖霜。

1	2	3	4

水平画一条线，垂直再画一条线。	在垂直的线条上面继续画水平短线。	接着在旁边如前两个步骤继续画短线。	如图所示，画出格子图案。

◆ 格子纹图案2

1	2	3	4

将饼干用糖霜铺面后，横着画若干横线。	接着竖着画若干短线。	继续画短线。	将整个表面铺满。

◆ 我的专属花纹

糖霜饼干之所以吸引人，是因为每块饼干的图案都是不同的。在经过多次练习后，便可以打造自己的专属花纹了。

文字和花朵

铺面和画线、点点等都熟练后，就要开始练习制作文字和花朵了。将对方的名字或者字母画在饼干上，这可是一份足够特别的礼物。

◆ 文字

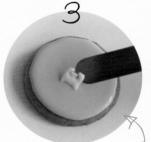

在写有文字的纸上放上OHP胶片，接着从文字边缘开始填满。

接下来用刮刀将胶片上的字母刮下来，一般一天时间后会更容易刮下来。

将字母轻轻放在糖霜饼干上。

在糖霜饼干边缘点缀上水滴形状的花纹。

> 如果铺面的糖霜已经风干，便可以直接将字母放在上面，但如果还没有完全风干，则要在字母的后面稍微放一点糖霜再放。

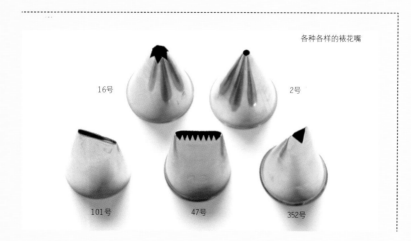

各种各样的裱花嘴

16号   2号

101号   47号   352号

◆ 用裱花袋制作花朵

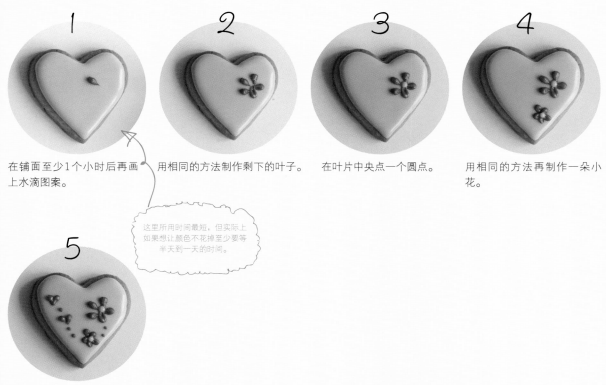

1 在铺面至少1个小时后再画上水滴图案。

2 用相同的方法制作剩下的叶子。

3 在叶片中央点一个圆点。

4 用相同的方法再制作一朵小花。

这里所用时间最短，但实际上如果想让颜色不花掉至少要等半天到一天的时间。

5 再画上一些水滴图案和圆点就大功告成了。

◆ 用裱花嘴制作花朵

将101号裱花嘴安装在裱花袋上，然后在花托上点上糖霜。

花托

将油纸固定在中间。

轻轻挤压裱花袋，根据挤压的速度旋转花托。

花瓣做好后就可以停止挤压糖霜了。

用相同的方法制作第二瓣花瓣。

第三瓣花瓣和第四瓣花瓣也使用相同的方法。

最后一瓣也使用相同的方法。

花托上的油纸风干需要一天的时间。

如果花朵风干便能够很容易地从油纸上分离下来，如果没有完全风干，花朵便可能会碎掉。

在花朵中间画上花蕊。

花朵风干后便可以用来装饰饼干了。

11 姜饼人制作

相比之下，姜饼人的制作就比较简单了。对于初学者来讲也不难操作。
带着自信，和我一起来制作姜饼人吧。

用黑色糖霜画出姜饼人的眼睛。

用红色糖霜画出嘴巴。

用白色糖霜画出之字形图案，作为双手。

接着画出双腿的模样。

然后画出弯曲的曲线，作为头发，在两腮点上圆点。

用绿色糖霜画上领结。

在领结中间点上较粗的圆点。

用绿色糖霜和红色糖霜画上纽扣。

Chapter 2

动物和植物

动物和植物是糖霜饼干的常用素材，
可爱的动物们尤其受到小朋友们的喜爱。

小熊 I

糖霜饼干中人气爆棚的便是小熊系列了。
小熊饼干形态各异、样式别致，制作起来别具一番趣味。

迷你小熊

饼干纸样　NO.1
饼干种类　可可饼干
糖霜
流动糖霜　褐色●、白色○
硬性糖霜　粉红色●、黑色●

1 用褐色糖霜把小熊的耳朵、双臂和腿部的线条勾画出来。

2 用褐色糖霜填充耳朵、双臂和腿部的空白，然后用白色糖霜在耳朵的部分做一下点缀。放置约5分钟直至凉干，待放置后再将脸部和身体的线条勾画出来。

3 用褐色糖霜填充小熊脸部，放置约5分钟直至凉干，再将身体的部分也用糖霜填实，并且要让鼻子部分厚一些。

4 放置约10分钟直至凉干，然后用黑色糖霜画出眼睛和鼻子。再用粉红色糖霜写上文字。

放置5分钟是为了防止糖霜间相互粘连。

如果在表面并未干透的糖霜表面叠加作画，糖霜可能会混在一起，所以要等待几分钟，等糖霜的表面干透了再继续画画。

万圣节小熊

饼干纸样　NO.2
饼干种类　可可饼干
糖霜
流动糖霜　褐色●、橙色●
硬性糖霜　黑色●、粉红色●、绿色●

1 如图所示，在小熊的身上用橘黄色糖霜画出线条，并用褐色糖霜勾勒出小熊的脸部、双臂和腿部。

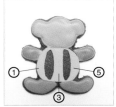

2 用褐色糖霜填充脸部、双臂和腿部的空间后，用橙色糖霜将身体的①、③、⑤部分也填实。

3 鼻子部分用褐色糖霜做出立体感，身体剩下的②、④部分也填实。放置约10分钟直至凉干，用黑色糖霜画出眼睛和鼻子。

4 用绿色糖霜画出南瓜的茎，身体部分的文字用粉红色糖霜。将褐色糖霜装在小盘子里，用毛笔尖蘸取糖霜在小熊的脸部、双臂和腿部反复点画，打造出毛茸茸的效果。

小熊 2

尽管小熊饼干的模具只有一个，
但使用不同的糖霜也可以做出各式各样的小熊饼干。

用小熊形状的饼干纸样和三角形的饼干纸样在面团上定型后，将三角形的面团贴在小熊的头顶上，然后固定（将面团用饼干饼钩定型）。

戴尖帽子的小熊

饼干纸样　NO.2
饼干种类　可可饼干
糖霜
流动糖霜　白色○、浅蓝色●、
　　　　　　红色●
硬性糖霜　黑色●、蓝色●、
　　　　　　白色○、粉红色●
辅助材料　糖珠（中）

1 用浅蓝色糖霜画出尖帽子的形状，用白色糖霜将鼻子画得厚厚的。

2 用浅蓝色糖霜将帽子的空白处填实，放上糖珠做装饰。放置10分钟左右，用黑色糖霜（硬性）画出眼睛和鼻子。

3 在尖帽子的下端用蓝色糖霜（硬性）轻轻地点上若干个点。画出尖帽子的帽绳，写上想要的文字。

4 戴红色尖帽子的小熊则要在步骤2用白色糖霜（硬性）代替糖珠画上斜线花纹。

为防止蝴蝶结互相粘连，要先画两边再画中间。

蝴蝶结小熊

饼干纸样　NO.2
饼干种类　原味饼干
糖霜
流动糖霜　褐色●、粉红色●
中度糖霜　淡绿色●
硬性糖霜　黑色●

1 用褐色糖霜沿着边缘画出轮廓。

2 将空白部分填实，在糖霜干透之前用粉红色糖霜画出耳朵。10分钟后用褐色糖霜厚厚地画出鼻子。

3 放置10分钟左右直至凉干，用黑色糖霜画出眼睛和鼻子。

4 用淡绿色糖霜画出蝴蝶结。

质感小熊

饼干纸样　NO.2
饼干种类　原味饼干
糖霜
中度糖霜　褐色●、灰色●
硬性糖霜　深褐色●、黑色●
辅助材料　裱花袋　16号裱花嘴

1 用带有星星形状的16号裱花嘴的裱花袋将深褐色糖霜如图片的样子裱花。

2 在饼干的轮廓边缘裱满星形的花。

3 空白处也用星形裱花填满。

4 用褐色糖霜画出手指甲和脚趾甲，并厚厚地画出鼻子，让鼻子呈现立体感。放置10分钟直至凉干，接着用黑色糖霜画出眼睛和鼻子，最后用灰色糖霜做出蝴蝶结。

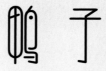

鸭 子

小鸭子在水面上悠然自得地游着，
蝴蝶结和圆点花纹非常搭。

小黄鸭

饼干纸样　NO.3
饼干种类　原味饼干
糖浆
流动糖霜　黄色●、橘黄色●、
　　　　　黑色●、薄荷色●
辅助材料　白珍珠糖珠

1 用黄色糖霜将鸭子喙以外的轮廓勾画出来。

2 铺面，并用牙签将其铺平整。翅膀也采用同样的方法，先画出轮廓，然后用黄色糖霜铺满。

3 放置5分钟后用橘黄色糖霜将鸭子喙铺满，用黑色糖霜画出眼睛。

4 用薄荷色糖霜画出轮廓线条，然后铺面，用牙签将其铺平整。

小粉鸭

饼干纸样　NO.3
饼干种类　原味饼干
糖浆
流动糖霜　粉红色●、大红色●、
　　　　　黄色●、黑色●

1 用粉红色糖霜将鸭子喙以外的轮廓勾画出来。

2 铺面，在风干之前，用大红色糖霜如图所示画上圆点。

3 放置5分钟后，用黄色糖霜铺满鸭子喙，用黑色糖霜画出眼睛，用大红色糖霜画出颈部线条、领结和翅膀。

5 放置一天后，将鸭子饼干和长方形饼干如图所示粘在一起。在连接处，用白珍珠糖珠点缀。

小蓝鸭

饼干纸样　NO.3
饼干种类　原味饼干
糖浆
流动糖霜　天蓝色●、黄色●、
　　　　　粉红色●、黑色●、
　　　　　白色○
辅助材料　圆形糖珠（中）

1 用黄色糖霜画鸭子的喙，其余部分用天蓝色糖霜画出轮廓。

2 铺面。

3 用糖珠点缀，放置10分钟后用白色糖霜画出眼睛，在用黑色糖霜画出眼珠和眉毛，最后用粉红色糖霜画出项链。

刺猬/鳄鱼

满身带刺的刺猬、沼泽地里吃饱喝足的鳄鱼
做成糖霜饼干也超可爱呢！

刺猬

饼干纸样　NO.5
饼干种类　原味饼干
糖浆
硬性糖霜　灰色●、黑色●、
　　　　　棕色●

1 用灰色糖霜将刺猬身体的上半部曲线画出来。

2 顺时针方向继续画，画完一圈后，再继续画内侧的部分。

3 将刺猬身体空置的空间填满。

4 用黑色糖霜画出眼睛、鼻子和嘴巴。

鳄鱼

饼干纸样　NO.6
饼干种类　原味饼干
糖浆
流动糖霜　绿色●、中红色●、
　　　　　白色○
硬性糖霜　淡绿色●

1 用绿色糖霜画出轮廓。

2 铺面，并用牙签将表面铺平整。

3 放置10分钟后用白色糖霜画出眼睛。

5 最后用棕色糖霜做出的刺猬。

4 用淡绿色糖霜画出鳄鱼背部的表皮。

5 用红色糖霜画出舌头。

6 用白色糖霜轻轻点出圆点，画出脚趾。

7 用与步骤6相同的方法画出牙齿，用黑色糖霜画出眼珠。

纯白色的小羊很可爱，即使使用单一的颜色过不同的表现手法，
所制作出来的小羊也是不同的。

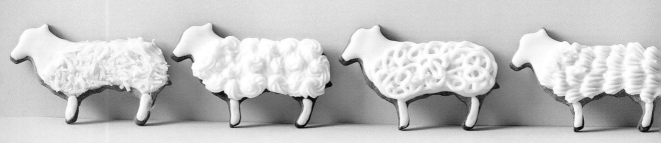

椰蓉羊/卷卷羊

饼干纸样　NO.7
饼干种类　原味饼干
糖浆
中度糖霜　白色○、象牙色○
硬性糖霜　白色○
辅助材料　椰蓉粉

1　如图所示，用白色
糖霜画出脸部轮廓，
用象牙色糖霜画出
腿部轮廓。

2　用白色糖霜将脸部
铺满，用象牙色糖
霜将腿部铺满。

3　用白色糖霜画出身
体轮廓。

4　将身体铺满。

毛茸茸羊/螺丝羊

饼干纸样　NO.8
饼干种类　原味饼干
糖浆
中度糖霜　白色○、象牙色○
硬性糖霜　白色○
辅助材料　裱花袋，16号裱花嘴

1　如图所示，用白色
糖霜画出脸部轮廓，
用象牙色糖霜画出
腿部轮廓。

2　用白色糖霜将脸部
铺满，用象牙色糖
霜将腿部铺满。

5　用椰蓉粉轻轻装饰
羊身，来表现羊毛
的感觉。

6　如果想制作卷卷羊，
在步骤4，放置10
分钟后，用白色糖
霜（硬性）随意画
出羊毛的模样。

3　将16号裱花嘴安置
在裱花袋上，装入
白色糖霜（硬性）。

4　继续填充身体空白
部分。

5　如果想制作螺丝羊，
要在步骤3，用装
有白色糖霜的裱花
袋画圆，以表现羊
毛的样态。

奶牛/猫头鹰/猪/兔子

这几个动物对于初学者来说是相对简单的图案，
并且这几款图案的饼干由于人气高，
饼干模具也很容易买到。

奶牛

饼干纸样　NO.7
饼干种类　原味饼干
糖浆
流动糖霜　白色○
硬性糖霜　黑色●

1　用白色糖霜画出轮廓。

2　铺面，并用牙签铺平整。

3　放置10分钟凉干，用黑色糖霜画出斑纹。

4　完成。

猫头鹰

饼干纸样　NO.9
饼干种类　原味饼干
糖浆
流动糖霜　紫色●、白色○、
　　　　　　灰色●、黑色●
硬性糖霜　紫色●、白色○

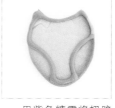

1　用紫色糖霜将翅膀除外的部分如图所示勾画出线条。

2　铺面，并用牙签铺平整。

3　在风干之前用白色糖霜画出眼睛，并在上面用灰色糖霜画出小圆点。

4　放置5分钟，用紫色糖霜（硬性）点上圆点。

5　用与步骤4相同的方法填充翅膀的部分。

6　用白色糖霜（硬性）画出眼珠轮廓。

7　用白色糖霜（硬性）画出倒三角形的鼻子，用紫色糖霜（硬性）沿着两边翅膀线条点上圆点。

8　用黑色糖霜画出眼珠，然后在眼珠上面，用白色糖霜（硬性）点上小圆点。

猪

饼干纸样　NO.10
饼干种类　原味饼干
糖浆
流动糖霜　粉红色●、白色○、
　　　　　　黑色●
硬性糖霜　粉红色●

1 用粉红色糖霜画出轮廓。

2 铺面，并用牙签铺平整。

3 在风干之前用白色糖霜点上圆点。

制作猪宝宝也是用相同的方法。

4 放置10分钟，用黑色糖霜画出眼睛，用粉红色糖霜（硬性）画出鼻梁、耳朵和尾巴。

兔子

饼干纸样　NO.11
饼干种类　原味饼干
糖浆
流动糖霜　褐色●、粉红色●、
　　　　　　白色○
硬性糖霜　大红色●

1 如图所示，用褐色糖霜画出轮廓。

2 铺面，并用牙签铺平整。

3 放置5分钟，用白色糖霜填充脚和尾巴。

4 用黑色糖霜画出眼睛，用褐色糖霜画出鼻子，用粉红色糖霜画出耳朵。

5 用大红色糖霜（硬性）画出项链，并在上面画出领结。

水果

水果图案是小朋友们非常喜欢的，
柠檬、樱桃、香蕉、苹果等水果图案看着就能联想到它们的美味呢。

柠檬

饼干纸样　NO.15
饼干种类　原味饼干
糖浆
流动糖霜　黄色●、白色○、
黑色●

1 用黄色糖霜画出轮廓。

2 铺面，并用牙签铺平整。

3 用黑色糖霜画出两端，用白色糖霜画出柠檬的一面。

樱桃

饼干纸样　NO.13
饼干种类　原味饼干
糖浆
流动糖霜　大红色●、绿色●
硬性糖霜　大红色●、黑色●、
绿色●

1 用黄色糖霜画出轮廓。

2 铺面，并用牙签铺平整。

3 用绿色糖霜画出叶子轮廓。

4 将叶子铺满，然后画出茎。放置10分钟，用大红色糖霜（硬性）在圆形部分边缘点上圆点。

1 用黑色糖霜写上文字便大功告成了。

香蕉

饼干纸样　NO.16
饼干种类　原味饼干
糖浆
流动糖霜　黄色●、黑色●、绿色●
硬性糖霜　黄色●、黑色●

1 用黄色糖霜画出轮廓。

2 铺面，并用牙签铺平整。

3 用黑色糖霜画出香蕉两端，然后在上面用绿色糖霜稍微点缀一下。

4 放置5分钟，然后用黄色糖霜（硬性）在香蕉上画上两条线，用黑色糖霜（硬性）在香蕉点上圆点。

苹果

饼干纸样　NO.12
饼干种类　原味饼干
糖浆
流动糖霜　红色●
中度糖霜　褐色●
硬性糖霜　黄色●、绿色●

1 用红色糖霜画出轮廓，用褐色糖霜画出蒂。

2 铺面，并用牙签铺平整，用绿色糖霜画出苹果叶子。

3 用黄色糖霜写上文字。

Tip

苹果叶子制作方法
在裱花袋中装入绿色糖霜（硬性）。用剪刀将裱花袋尾端剪掉，如图③标识的斜线.就成了图④的样子，这样挤出来的糖霜便能够制作出叶片的样子。

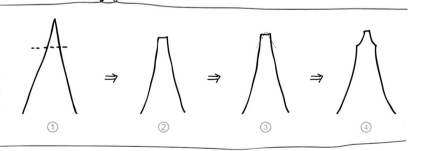

① ⇒ ② ⇒ ③ ⇒ ④

花瓶

做花托饼干时偶然想到"要不要在花瓶里插上花呢"，
于是就有了这款糖霜饼干。
虽然看起来复杂，但做几个就会发现其实并不难。
花瓶中的"水"和"茎"是重要的部分。

请参照 P110

花

饼干纸样　NO.14
饼干种类　原味饼干
糖浆
流动糖霜　大红色●
硬性糖霜　黄色●

1 用黄色糖霜画出轮廓。

2 铺面，并用牙签铺平整。

3 里面的花瓣也要铺满。

4 放置10分钟，然后用黄色糖霜画出郁金香的样子。

瓶子

饼干纸样　NO.17
饼干种类　原味饼干
糖浆
流动糖霜　天蓝色●
辅助材料　食用色素　绿色●
　　　　　天蓝色●

1 用天蓝色糖霜画出轮廓。铺面，并用牙签铺平整。

2 放置一天，将水与天蓝色色素混合，然后用毛笔画出花瓶中水的样子。

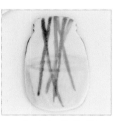

3 将水与绿色混合，然后用毛笔画出花瓶中茎的样子。

4 用天蓝色糖霜在水瓶上方画上线。

叶子

饼干纸样　NO.14
饼干种类　原味饼干
糖浆
流动糖霜　绿色●
辅助材料　食用色素　绿色●

1 用黄色糖霜画出轮廓。

2 铺面，并用牙签铺平整。

3 放置半天，然后混合绿色色素，用毛笔画出叶片的样子。

Tip 花和花瓶之间的茎，要用绿色硬性糖霜画得粗一点。

Chapter 3

儿童世界

儿童世界也是糖霜饼干的素材，
可以和小朋友一起制作，
也可以做成送给小朋友们的礼物。

冬衣

用糖霜还可以做出冬衣饼干。
有毛衣、帽子、手套，看着超级逼真，
甚至真的想穿一下呢。
毛衣的花纹还可以随心改变，
十分有趣。

毛衣

饼干纸样 NO.20
饼干种类 原味饼干
糖浆
流动糖霜 天蓝色●
硬性糖霜 白色○

1 用天蓝色糖霜将领子以外部分如图所示画出轮廓。

2 铺面，并用牙签铺平整。放置5分钟，然后用白色糖霜画出领子和袖子、腰部线条。

3 放置10分钟，然后用白色糖霜在毛衣上面画出如图所示的花纹。

4 放置10分钟，然后用白色糖霜在毛衣上面画出如图所示的花纹。

手套

饼干纸样 NO.19
饼干种类 原味饼干
糖浆
流动糖霜 天蓝色●
中度糖霜 天蓝色●
辅助材料 眼睛形状的糖珠

1 用天蓝色糖霜画出轮廓，然后铺面。

2 用天蓝色糖霜（中度）如图所示画出手腕部分和手套上面的竖线。

3 用天蓝色糖霜（中度）将细节部分点缀起来。

4 在竖线中间画上波纹。

帽子

饼干纸样 NO.18
饼干种类 原味饼干
糖浆
流动糖霜 天蓝色●
硬性糖霜 白色○

1 用天蓝色糖霜画出如图所示的轮廓，然后用白色糖霜画出帽子底部的波纹。

2 用白色糖霜画出X形状，作为帽子穗的部分。

3 反复重复步骤2，就能够形成如图所示的样子。

5 用卵形的糖珠装饰。

连体衣和围嘴

这款糖霜饼干很适合送给刚出生的小儿，
在周岁宴时可以放在蛋糕上。
可以多做一些，在参加宴席的时候当成礼物。

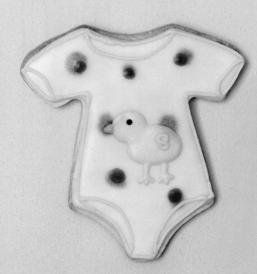

粉色连体衣

饼干纸样　NO.22
饼干种类　原味饼干
糖浆
流动糖霜　粉红色●
中度糖霜　白色○
硬性糖霜　白色○

1 用粉红色糖霜画出轮廓。

2 铺面，并用牙签铺平整。

3 用白色糖霜（中度）画出轮廓。

4 装饰领子和袖子的部分。

5 给领子铺面。

6 用白色糖霜（硬性）画出如图所示的线条。

7 如图所示装饰细节。

白色连体衣

饼干纸样　NO.22
饼干种类　原味饼干
糖浆
流动糖霜　白色○、象牙色○
中度糖霜　白色○、象牙色○
辅助材料　银色糖珠

1 用白色糖霜画出轮廓。

2 铺面，并用牙签铺平整。

3 用象牙色糖霜点上圆点。

4 用白色糖霜（中度）装饰领子和袖子。

5　用象牙色糖霜（中度）画出腰部和袖子的线条，用白色糖霜（中度）如图所示装饰。

6　用白色糖霜（中度）画出领结。

7　在领结中间点上圆点，并用银色糖珠装饰。

绿色连体衣

饼干纸样　NO.22
饼干种类　原味饼干
糖浆
流动糖霜　薄荷色●、褐色●
中度糖霜　黄色●、橘黄色●、黑色●

1　用薄荷色糖霜画出轮廓。

2　铺面，并用牙签铺平整。

3　用褐色糖霜点上圆点。

4　用黄色糖霜如图所示画出轮廓。

5　用黄色糖霜画出小鸡，铺面，再画出腿部。放置2~3分钟后，用橘黄色糖霜画出喙。

6　放置10分钟，然后用黄色糖霜画出翅膀，用黑色糖霜画出眼睛。

使用毛笔的时候，沾水后，要用厨房纸巾擦拭后再使用，画出来才更自然。

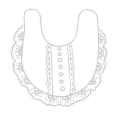

围嘴

饼干纸样　NO.21
饼干种类　原味饼干
糖浆
流动糖霜　白色○
硬性糖霜　白色○

1　用白色糖霜画出轮廓，并画出波浪。

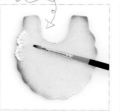

2　用毛笔沾水后如图所示轻轻擦拭。

3　重复1~2阶段，填满轮廓。

4　画出如图所示的轮廓。

5　铺面，并用牙签铺平整。

6　放置10分钟后，用白色糖霜（硬性）如图所示画出长长的细线，接着在线旁边画上波纹，做出蕾丝的样子。

7　如图所示，用圆点点缀。

8　最后画上领结。

女孩衣服

年少时恐怕很多人都想穿着像白雪公主裙子一样漂亮的裙子吧。
就用当时的心情做一款饼干吧。
可以随心所欲装饰饼干也不失为一种乐趣。

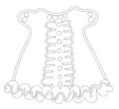

紫色连衣裙

饼干纸样　NO.23
饼干种类　原味饼干
糖浆
流动糖霜　白色〇、紫色●、
　　　　　　绿色●
硬性糖霜　白色〇
辅助材料　101号裱花嘴 裱花袋
　　　　　　金色珍珠粉●

1 用白色糖霜画出轮廓，然后铺面。

2 如图所示，用紫色糖霜画上圆点，然后用白色糖霜在紫色圆点上继续画圆点。

3 用牙签或尖锐的工具将紫色-白色中间部分向左侧、下侧反复移动，打造出花的样子。

4 用绿色糖霜在花朵旁边做如图所示的装饰。

5 在绿色部分上面，用白色糖霜轻轻点上圆点，并用牙签尖端打造出叶片的样子。

6 放置10分钟，然后用白色糖霜画出轮廓。用白色糖霜（硬性）如图所示画出弯曲的竖线。

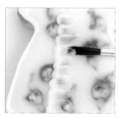

7 毛笔稍微蘸水，然后轻轻画出如图所示的线条。

使用毛笔的时候，蘸水后，要用厨房纸巾擦拭后再使用，画出来才更自然。

8 右侧也采取相同的方法。

9 用白色糖霜（硬性）在中间点上圆点，作为纽扣。

10 在裱花袋上装上101号裱花嘴，然后用白色糖霜（硬性）画出裙边。

11 放置半天后，用金色珍珠粉给裙边和纽扣上色。

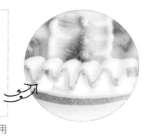

粉色连衣裙

饼干纸样　NO.23
饼干种类　原味饼干
糖浆
流动糖霜　粉红色●
硬性糖霜　白色○
辅助材料　金色珍珠粉●

1 用粉红色糖霜画出轮廓。

2 铺面，并用牙签铺平整。

3 放置10分钟后，如图所示用白色糖霜装饰。

4 裙子也做出如图所示的花纹。

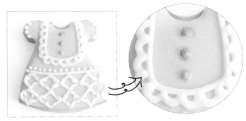

5 装饰裙子。放置半天后，用金色珍珠粉给裙边和纽扣上色。

白色连衣裙

饼干纸样　NO.23
饼干种类　原味饼干
糖浆
流动糖霜　白色○
硬性糖霜　白色○

1 用粉红色糖霜画出轮廓。

2 铺面，并用牙签铺平整。

3 放置10分钟，用白色糖霜（硬性）装饰领子和袖子。

4 用白色糖霜（硬性）如图所示装饰细节。

恐龙王国

这款饼干在小朋友中人气很高，
用五颜六色的恐龙饼干装饰生日蛋糕，
这可是世界上独一无二的礼物。

绿色恐龙

饼干纸样　NO.27
饼干种类　原味饼干
糖浆
流动糖霜　绿色●、白色○、
黑色●

1　用绿色糖霜画出轮廓。

2　铺面，并用牙签铺平整。

3　在风干之前，用白色糖霜在背上点上圆点。

4　放置10分钟后，画出牙齿和眼睛。

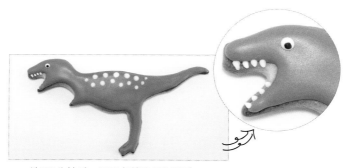

5　放置5分钟后，用黑色糖霜画出眼珠。

粉色翼龙

饼干纸样　NO.24
饼干种类　原味饼干
糖浆
流动糖霜　粉红色●、红色●、
橘黄色●、白色○、
黑色●

1　用粉红色糖霜将嘴巴以外的部分如图所示画出轮廓线条，嘴巴用橘黄色糖霜填满。

2　铺面，并用牙签铺平整。两侧的翅膀用红色糖霜点上大小圆点。

3　用白色糖霜画出眼睛。放置5分钟后，用黑色糖霜画出眼睛。

蓝色恐龙

饼干纸样　　NO.25
饼干种类　　原味饼干
糖浆
流动糖霜　天蓝色●、蓝色●、
　　　　　　黄色●、白色○、
　　　　　　黑色●

1 除去背上的帆状物，其他部分用蓝色糖霜画出如图所示的线条。

2 铺面，并用牙签铺平整。用黄色糖霜在背上画出大小圆点。

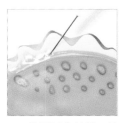

3 放置10分钟后，用天蓝色糖霜将帆状物的部分填满。用蓝色糖霜在背上画出线条，然后用牙签画出大理石花纹。

4 用白色糖霜画出眼睛，放置5分钟后，用黑色糖霜画出眼珠。

白色恐龙

饼干纸样　　NO.26
饼干种类　　原味饼干
糖浆
流动糖霜　天蓝色●、蓝色●、
　　　　　　白色○、黑色●
硬性糖霜　蓝色●

1 如图所示，将凸起的部分空出一定空间，然后用天蓝色糖霜画出轮廓。

2 铺面，并用牙签铺平整。

3 用蓝色糖霜在背上画出圆点。

4 放置10分钟后，用蓝色糖霜（硬性）在凸起的部分点上圆点。

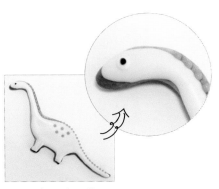

5 画出眼睛，放置5分钟后用黑色糖霜画出眼珠。

小汽车

从警车、消防车到公交车、飞机，
即使从细节处观察，
霜糖饼干的小汽车也一点都不逊色于玩具汽车呢。

翻斗车

饼干纸样　NO.33
饼干种类　原味饼干
糖浆
流动糖霜　黄色●、橘黄色●、
　　　　　白色○、黑色●、
　　　　　褐色●
硬性糖霜　黄色●、橘黄色●
辅助材料　巧克力彩针（糖珠）

食用色素笔通过网络就能够买到。

1 用食用色素笔如图所示画出下面的画。

2 用白色糖霜画出前面的窗户和下面部分。放置5分钟，用橘黄色糖霜画出轮廓，然后铺面。

3 上方的车厢部分如图所示，用黄色糖霜画出轮廓。车轮用黑色糖霜画出轮廓，然后铺面。

4 用黄色糖霜给装载车厢铺面，放置10分钟后，如图所示，用黄色和橘黄色糖霜（硬性）画出轮廓，车轮中央部分用橘黄色糖霜（硬性）画出圆点。

5 如图所示，用黄色糖霜（硬性）画出轮廓，来表示装载车厢的下面部分。

6 用褐色糖霜画出装载车厢左侧部分，撒上巧克力彩针。

7 用褐色糖霜画出小盘子，用毛笔如图所示上色。

飞机

饼干纸样　NO.30
饼干种类　原味饼干
糖浆
流动糖霜　白色○
中度糖霜　红色●、蓝色●

1 用白色糖霜画出轮廓，然后铺面。

2 放置10分钟后，用蓝色糖霜点上圆点，画出窗户。用白色糖霜如图所示装饰细节部分。

3 用红色糖霜在两侧机翼部分画出桃心，用白色糖霜画出轮廓，然后铺面。

消防车

饼干纸样　NO.32
饼干种类　原味饼干
糖浆
流动糖霜　红色●、黄色●、
　　　　　　天蓝色●、白色○、
硬性糖霜　黄色●、红色●

1　用食用色素笔如图所示画出下面的部分。用天蓝色糖霜画出窗户，用黑色糖霜填充棱的表面。

2　用黑色糖霜填充车轮表面。

3　放置10分钟，用红色糖霜如图所示铺面。

4　装饰细节部分，用黄色糖霜（硬性）画出消防带。

急救车

饼干纸样　NO.29
饼干种类　原味饼干
糖浆
流动糖霜　白色○、天蓝色●、
　　　　　　红色●、黑色●、
　　　　　　蓝色●

1　用食用色素笔如图所示画出下面的部分，用天蓝色、黑色、红色糖霜分别画出窗户、车轮、应急灯，并铺面。

2　放置10分钟，用白色糖霜画出车厢盖，用红色糖霜画出车中央的轮廓线条，并铺面。用白色糖霜在车轮中间点上圆点。

3　放置10分钟，然后用白色糖霜画出急救车线条，铺面。

4　如图所示，装饰细节部分。

警车

饼干纸样　NO.28
饼干种类　原味饼干
糖浆
流动糖霜　黑色●、天蓝色●、
　　　　　　蓝色●、白色○、
　　　　　　红色●

1　用食用色素笔如图所示画出下面的部分。

2　用天蓝色和黑色糖霜分别画出窗户和车轮的线条，然后铺面。放置10分钟后，用白色糖霜画出车门轮廓，然后铺面。

3　放置10分钟后，用蓝色和红色糖霜画出车灯。

4　用黑色糖霜如图所示画出车身。

5 放置5分钟，用黑色糖霜填充车身。

6 放置10分钟后，再次用黑色糖霜画出车门轮廓，如图所示装饰细节，并写上文字。

校车

饼干纸样　NO.31
饼干种类　原味饼干
糖浆
流动糖霜　黄色●、天蓝色●、黑色●
硬性糖霜　黄色●

1 用食用色素笔如图所示画出下面的部分。用天蓝色和黑色糖霜分别画出车窗和车门轮廓，并铺面。

2 放置10分钟后，用黄色糖霜填充车身，然后用白色糖霜填充车轮内部。

3 放置10分钟后，用白色糖霜画出车轮上的棱，并铺面，用黄色糖霜（硬性）画出轮廓并铺面。

4 用黑色糖霜如图所示画出车侧面的轮廓，并铺面。

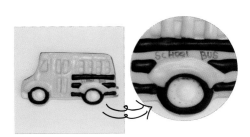

5 放置5~6小时，并用食用色素笔写上文字。

白雪公主

这款饼干是为那些喜欢公主的少女们准备的，
带着孩提时的心情、哼着歌，
开心地制作公主饼干吧！

请参考NO.96

白雪公主裙子

饼干纸样　NO.35
饼干种类　原味饼干
糖浆
流动糖霜　黄色●、蓝色●、
硬性糖霜　黄色●、天蓝色●、
　　　　　红色●

1 用蓝色糖霜画出身体轮廓，然后如图所示铺面。

2 放置5分钟，如图所示画出袖子，然后铺面。

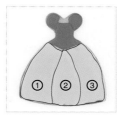

3 放置10分钟后，用黄色糖霜画出①③的线条，并铺面。放置5分钟后，画出②线条，并铺面。这样分开画，就能够展现出裙子的模样了。

4 用天蓝色糖霜（硬性）如图所示装饰袖口。用黄色糖霜（硬性）画出腰部线条，袖子上面则用红色糖霜（硬性）画出蝌蚪状线条。裙子胸部用蓝色糖霜（硬性）再画一次，胸部中间用黄色糖霜（硬性）画出竖线。

白雪公主苹果

饼干纸样　NO.34
饼干种类　原味饼干
糖浆
流动糖霜　红色●、黄色●、
　　　　　褐色●、绿色●

1 为了展现苹果被咬了一口的样子，用红色糖霜如图所示画出轮廓。

2 铺面，并用牙签铺平整。

3 用黄色糖霜如图所示画出轮廓。

4 波浪的部分也沿着轮廓来画。用绿色糖霜画出叶片，用褐色糖霜画出苹果蒂。

苹果篮子

饼干纸样　NO.36
饼干种类　原味饼干
糖浆
流动糖霜　褐色●、红色●、
　　　　　　绿色●、黑色●
辅助材料　裱花袋　48号裱花嘴

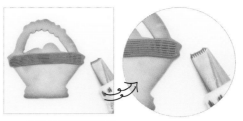

1 将48号裱花嘴安装在裱花袋上，并在裱花袋内放入褐色糖霜。如图所示在中间部分画出横线。

2 如图所示画出竖线。

3 再次画出横线。

4 留出一定的空间，画出短线。

5 再次画出3条横线。

6 用褐色糖霜画出X型拎手。

7 用红色糖霜如图所示画出圆圆的苹果模样。

8 用绿色、黑色、褐色糖霜如图所示画出叶片和苹果蒂。

灰姑娘

无论是小孩子还是成年人，
恐怕都有过灰姑娘的梦。
王冠、水晶鞋、南瓜车、礼服裙……
让我们也成了童话中华丽的女主角。

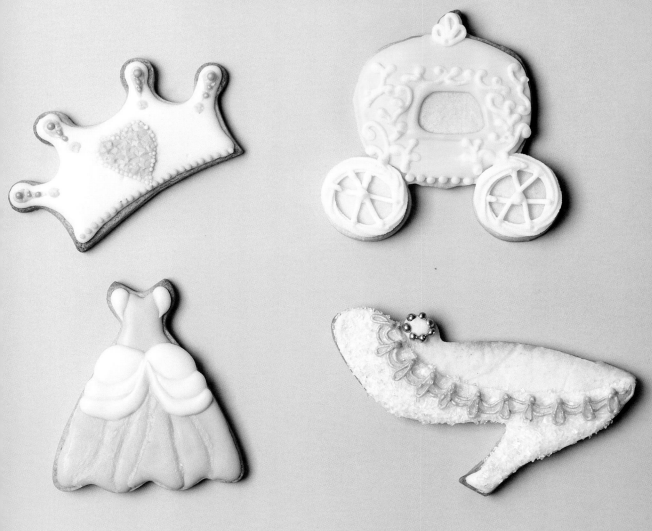

王冠

饼干纸样　NO.37
饼干种类　原味饼干
糖浆
流动糖霜　天蓝色●
中度糖霜　蓝色●、黄色●

1　用天蓝色糖霜画出轮廓。

2　铺面，并用牙签铺平整。

3　放置10分钟后，用蓝色糖霜如图所示画出水滴模样的圆点，然后画上心形。

4　放置5分钟后，用牙签调整心形外侧部分，打造出水晶碎片的模样。

南瓜车是用南瓜和圆形饼干切割而成的，然后粘成马车的模样。

南瓜车

饼干纸样　NO.38
饼干种类　原味饼干
糖浆
流动糖霜　黄色●
硬性糖霜　白色○
辅助材料　16号裱花嘴 裱花袋

1　用黄色糖霜如图所示画出轮廓。

2　铺面，并用牙签铺平整。放置10分钟后，用白色糖霜如图所示画出曲线。

3　将16号裱花嘴安装在裱花袋上，并在裱花带中放入白色糖霜。转着圈画出车轮轮廓。用相同的颜色画出车条，如图所示装饰细节部分。

5　用黄色和天蓝色糖霜，如图所示装饰细节部分。

礼服裙

饼干纸样　NO.39
饼干种类　原味饼干
糖浆
流动糖霜　天蓝色●、浅蓝色●

1　用天蓝色糖霜如图所示画出除袖子之外部分的轮廓。

2　为了让裙摆更有质感，要先画出①③⑤的部分。

3　放置5分钟后，将其余部分填满，用浅蓝色糖霜画出袖子。

4　裙子腰部的部分也用同样的方法先画出①部分，然后铺面，5分钟后再画出②③部分。

水晶鞋

饼干纸样 　NO.40
饼干种类 　原味饼干
糖浆
流动糖霜 　白色○
硬性糖霜 　白色○
辅助材料 　sparkling sugar
　　　　　银色糖珠（中）
　　　　　银色珍珠粉

1 用白色糖霜如图所示画出轮廓，铺面，并用牙签铺平整。

2 在风干之前均匀向上撒上sparkling sugar。

3 用白色糖霜如图所示撒得稍厚一些。

4 用银色糖珠装饰。

5 装饰好的样子。

6 用白色糖霜（硬性）在鞋子上画出波纹的样子。

7 如图所示，在波纹间画出水滴模样。

8 用银色珍珠粉与水混合。

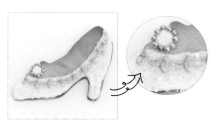

9 放置半天后，用毛笔、步骤8中准备的银色珍珠粉给波纹和水滴上色。

Chapter 4

温暖的日常

本章将教你用饼干来表现日常生活中各种的小物件，也许因为熟悉，

因此看起来更加亲切可爱。

美味的甜点时间

冰激凌样子的饼干仿佛也散发着冰激凌的味道，
美味又赏心悦目。

请参考NO.85

饼干瓶

饼干纸样 NO.44
饼干种类 原味饼干
糖霜
流动糖霜 红色●、天蓝色●、
褐色●、深褐色●
中度糖霜 红色●

1 如图所示，用天蓝色和红色糖霜勾勒出轮廓。

2 铺面，并用牙签铺平整。

3 如图所示，用褐色糖浆画出圆形。用红色糖霜（中度）勾勒出瓶盖的线条。

4 用深褐色糖霜画出巧克力碎块。用天蓝色糖霜如图中的样子在瓶子上轻轻画线让瓶子看起来更有光泽感。

曲奇

饼干纸样 NO.43
饼干种类 原味饼干
糖霜
流动糖霜 褐色●、深褐色●

1 用褐色糖霜沿边缘勾勒出轮廓。

2 铺面，并用牙签铺平整。在未干的状态下用深褐色糖霜点上圆点。

草莓冰激凌

饼干纸样 NO.41
饼干种类 可可饼干
糖霜
流动糖霜 褐色●、粉红色●、
浅黄色●
硬性糖霜 深褐色●
辅助材料 装饰物（糖珠）

1 如图所示，用浅黄色和褐色糖霜勾勒出轮廓。

2 将上半部的空白面填实并用牙签铺平。下半部分用褐色糖霜填实。放置10分钟后用深褐色糖霜如图所示画出斜线。

3 用深褐色糖霜从反方向按同样的方法画出斜线。放置10分钟后用粉红色糖霜如图所示画出上半部分的形状。

4 如图所示，用黄色和粉红色糖霜勾画完成后，用糖珠做装饰。

巧克力冰激凌

饼干纸样　NO.41
饼干种类　可可饼干
糖霜
流动糖霜　深褐色●、褐色●、
　　　　　　粉红色●、浅黄色○
硬性糖霜　粉红色●、深褐色●
辅助材料　圆形糖珠（中）

1 如图所示，用深褐色、粉红色、浅黄色、褐色糖霜勾勒出轮廓。

2 用对应的颜色铺面，并用牙签铺平整。放置10分钟左右，用深褐色的糖霜画斜线，相反方向也用同样的方法画出斜线。

3 如图所示，在深褐色、粉红色糖霜空白面的下端挤上深褐色（硬性）、粉红色（硬性）的糖霜，放置2分钟后，用牙签轻轻搅动，让其显得更加自然。

4 用浅黄色糖霜做出冰激凌流下来的感觉，用圆形的糖珠做装饰。

杯子蛋糕

饼干纸样　NO.45
饼干种类　原味饼干
糖霜
流动糖霜　白色○、粉红色●、
　　　　　　深褐色●
硬性糖霜　白色○
辅助材料　心形糖珠（心形装饰物）

1 如图所示，用粉红色糖霜勾勒出轮廓。

2 铺面，并用牙签铺平整。

3 在风干前用深褐色糖霜画上圆点。

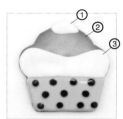

4 用白色糖霜在杯子蛋糕上面的①和③部分先画出轮廓再铺面。

5 放置5分钟左右，用白色糖霜将剩下的②部分填实。用白色糖霜（硬性）如图所示画出线条。

6 如图所示，用白色糖霜（硬性）画出细节线条。

7 用心形糖珠装饰。

粉色马卡龙/
天蓝色马卡龙

饼干纸样　NO.42
饼干种类　原味饼干
糖霜
中性糖霜　粉红色●、天蓝色●
硬性糖霜　白色○、粉红色●、
　　　　　天蓝色●
辅助材料　16号裱花嘴　裱花袋

1 如图所示，用粉红色糖霜勾勒出轮廓。

2 用粉红色糖霜铺面。放置5分钟左右，把16号裱花嘴安装在裱花袋上，放入白色糖霜，如图所示将中间的线条填实。

3 用粉红色糖霜（硬性）如图所示在上下两端画上较粗的线条。放置2分钟后，用牙签轻轻搅动一两次。

4 制作天蓝色的马卡龙也是用同样的方法，但中间部分不用裱花嘴只用糖霜填实即可。

早午餐

边喝茶、边享受精彩的早午餐时间。
早午餐形状的饼干在糖霜饼干控中人气也很高。

鸡蛋吐司

饼干纸样　NO.46
饼干种类　原味饼干
糖霜
流动糖霜　白色〇、黄色●
辅助材料　胡椒粉

1 如图所示，用白色糖霜勾勒出轮廓。

2 铺面，并用牙签铺平整。

3 放置10分钟左右，在上面用黄色糖霜画出蛋黄。

4 撒上少许胡椒粉。

叉子

饼干纸样　NO.47
饼干种类　原味饼干
糖霜
流动糖霜　薄荷色●
中性糖霜　白色〇

1 用薄荷色糖霜勾勒出轮廓并铺面。

2 在风干之前用白色糖霜在手柄部分点上圆点，上端用线条做装饰。

3 用白色糖霜在"颈部"画上蝴蝶结。

4 用薄荷色糖霜如图所示在手柄处画出线条。

果酱吐司

饼干纸样　NO.46
饼干种类　原味饼干
糖霜
中性糖霜　红色●

1 像在吐司上抹果酱似的把红色糖霜用搅动棒抹在吐司形状的饼干上。

2 完成的样子。

茶杯/茶壶

饼干纸样　NO.50、NO.51
饼干种类　原味饼干
糖霜
流动糖霜　天蓝色●、粉红色●、
　　　　　白色○、绿色●、
　　　　　红色●
硬性糖霜　白色○

1 如图所示，用食用笔画出草图。

2 用天蓝色糖霜如图所示勾勒出轮廓。

3 用天蓝色糖霜铺面。

4 风干之前用白色糖霜画上圆点。

5 为了避免互相粘连，如图所示要保持一定间隔画。

6 将空白面都填实。

7 用天蓝色糖霜画出手柄和底座的轮廓并填实。

8 放置10分钟左右，如图所示用白色糖霜（硬性）画出细节线条。

9 用红色糖霜画上圆点，在上面如图所示画上白色糖霜。

10 用牙签搅动一两次做出玫瑰花的样子。用绿色糖霜画出叶子，在上面挤一点白色糖霜并用牙签轻轻搅动做出图片中的样子。

11 茶壶也是和茶杯一样的制作方法。

欢快的烘焙时间

这是一款作为礼物送给朋友而试着做出的烘焙道具饼干。
由于没有相同外形的饼干刀，我只好在速写本上自己画出纸样。
用这种方法可以做出你想要的饼干。

砂糖调料瓶

饼干纸样　NO.48
饼干种类　原味饼干
糖霜
流动糖霜　灰色●、白色○
硬性糖霜　灰色●
辅助材料　闪光砂糖　银色珍珠粉末

1 如图所示，用白色糖浆勾勒出轮廓。

2 用白色糖霜铺面，风干前将饼干翻转在闪光砂糖上轻轻按压使饼干均匀地沾上闪光砂糖。

3 用灰色糖霜画出瓶盖并填实。

4 放置5分钟后用灰色糖霜（硬性）如图所示在瓶盖下端画上圆点，写上文字。放置一天左右，把银色珍珠粉末用水或酒精混合后用毛笔涂上。

烤箱盘

饼干纸样　NO.49
饼干种类　原味饼干
糖霜
流动糖霜　灰色●、褐色●
硬性糖霜　灰色●
辅助材料　银色珍珠粉末

1 用灰色糖霜画出轮廓并铺面。

2 放置10分钟后用灰色糖霜如图所示画出线条。

3 用褐色糖霜画出几个心形。

4 放置5~6小时，把银色珍珠粉末用水或酒精混合后用毛笔涂上。

料理机

饼干纸样　NO.55
饼干种类　原味饼干
糖霜
流动糖霜　灰色●、粉红色●、浅粉色○
硬性糖霜　浅粉色○、灰色●、

1 如图所示，用食用笔画上草图。用粉红色糖霜如图所示画出轮廓然后铺面。

2 放置5分钟后，用灰色糖霜画出料理杯和①的线条，然后铺面。

3 用浅粉色糖霜（硬性）如图所示画出线条。

4 用灰色糖浆画出②的线条并填实。用浅粉色糖霜（硬性）和白色糖霜（硬性）如图所示装饰细节。

围裙

饼干纸样　NO.54
饼干种类　可可饼干
糖霜
流动糖霜　灰色●、浅粉色●
硬性糖霜　浅粉色●

1 用灰色糖霜勾勒出轮廓。

2 用灰色糖霜铺面，用浅粉色的糖霜画上圆点。

3 如图所示，用浅粉色的糖霜装饰细节。

4 粘上蝴蝶结。

Tip　用模型做花（参考P32）

烤箱手套

饼干纸样　NO.53
饼干种类　可可饼干
糖霜
流动糖霜　粉红色●
硬性糖霜　粉红色●
辅助材料　银色糖珠（小），
　　　　　　101号裱花嘴、裱花袋、
　　　　　　花托

1 如图所示，用粉红色糖霜画出斜线。

2 为了防止相互粘连，有间隔地将空白面填实。

3 放置5分钟后，把剩下的部分填实。然后如图所示粘上银色糖珠做装饰。

4 如图所示，用粉红色糖霜画三条线。将101号裱花嘴套在裱花袋上并装上粉红色糖霜（硬性），做出和图片中一样的花放置一天左右贴在饼干上。

最后上色的时候要充分的放置后再进行这样才不容易弄碎。

料理碗

饼干纸样　NO.52
饼干种类　原味饼干
糖霜
流动糖霜　灰色●、褐色●、
　　　　　　粉红色●
硬性糖霜　灰色●
辅助材料　银色珍珠粉末

1 用灰色和粉红色糖霜画出①和③的轮廓并铺面。

2 放置5分钟后用灰色糖霜画出剩下的②的轮廓并铺面。

3 放置10分钟后，用灰色糖霜如图所示画出线条并写上文字。用褐色糖霜画上圆点。放置5~6小时左右用银色珍珠粉在线条处上色。

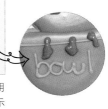

叮叮当当DIY

这些小工具家家户户都会有那么一两个。
用银色珍珠粉来表现金属的感觉看起来就像是真的一样。
没有银色珍珠粉也没关系，放松一些，用其他颜色代替也可以，
只要你觉得有趣就好啦！

螺丝刀/钳子

饼干纸样　NO.68、NO.69
饼干种类　原味饼干
糖霜
流动糖霜　灰色●、红色●
辅助材料　银色珍珠粉

螺丝刀

1 用红色糖霜画出①和③的轮廓并铺面。

2 放置5分钟后，用红色糖霜画出剩下空白部分的轮廓并填实，同时也将上面部分的线条勾画后填实。

3 放置5分钟后用灰色糖霜将上端线条勾画后铺面。

4 放置一天左右用银色珍珠粉和水或酒精混合如图所示用毛笔涂上。

钳子

5 钳子和螺丝刀的做法相同。

电钻

饼干纸样　NO.70
饼干种类　原味饼干
糖霜
流动糖霜　灰色●、薄荷色●
辅助材料　银色珍珠粉

1 用灰色糖霜沿外围勾画出轮廓。

2 铺面后用牙签铺平。用薄荷色糖霜装饰细节。

3 放置一天后用银色珍珠粉和水或酒精混合如图所示用毛笔涂上。

锤子/扳手

饼干纸样　NO.71、NO.72
饼干种类　原味饼干
糖霜
流动糖霜　灰色●、褐色●、薄荷色●
辅助材料　银色珍珠粉

锤子

1 用褐色糖霜画出手柄处的轮廓并铺面，在放置之前用薄荷色糖霜画上圆点。

2 用灰色糖霜画出上部分的轮廓并铺面。

3 放置一天左右用银色珍珠粉和水或酒精混合如图所示用毛笔涂上。

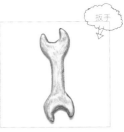

扳手

4 扳手和锤子的做法相同。

学习

作为毕业季的贺礼而制作的糖霜饼干有着非同寻常的意义。

学士帽

饼干纸样　NO.59
饼干种类　原味饼干
糖霜
流动糖霜　黑色●
硬性糖霜　黄色●、黑色●

1 如图所示，用黑色糖霜勾勒出轮廓。

2 用黑色糖霜将三个面每隔5分钟填实一个。

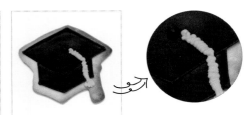

3 放置10分钟后用黑色糖霜（硬性）再次画出线条并在中央处画一个圆点。再放置10分钟后用黄色糖霜画出吊穗。

奖状

饼干纸样　NO.61
饼干种类　原味饼干
糖霜
流动糖霜　白色○、黄色●、绿色●

1 如图所示，用白色糖霜勾勒出轮廓。

2 铺面，并用牙签铺平，如图所示画上线条。

3 放置10分钟后用绿色糖霜画上带子。在放置10分钟后如图所示在带子中央挤上黄色糖霜。

铅笔

饼干纸样　NO.60
饼干种类　原味饼干
糖霜
流动糖霜　红色●
硬性糖霜　黑色●

1 如图所示，用红色糖霜勾勒出轮廓并铺面。

2 放置5分钟后用红色糖霜画出中间的线条并铺面。

3 放置10分钟左右，用黑色糖霜写上文字并装饰细节。

A

饼干纸样　NO.56
饼干种类　原味饼干
糖霜
中度糖霜　白色○
辅助材料　食用笔

1 用白色糖霜勾勒出轮廓并铺面。

2 放置30分钟后用红色食用笔如图所示画出细节线条。

3 接着用黑色的食用笔画上横线并写上文字。

B

饼干纸样　NO.57
饼干种类　原味饼干
糖霜
流动糖霜　灰色●、深褐色●、
　　　　　　白色○

1 如图所示，用灰色糖霜画出分区线并铺面。

2 放置5分钟后用深褐色糖霜画出下半部的轮廓并填实。用白色糖霜装饰细节。

C

饼干纸样　NO.58
饼干种类　原味饼干
糖霜
流动糖霜　黄色●、象牙色○、
　　　　　　粉红色●、灰色●、
　　　　　　黑色●
硬性糖霜　黄色●

1 如图所示，用黄色糖霜勾勒出轮廓并铺面。

2 放置5分钟后用米色和粉红色糖霜如图所示填实余下的空白面。

3 放置5分钟左右用黄色糖霜（硬性）如图所示画出线条。

4 用黑色糖霜画出铅笔芯，用黑色用灰色糖霜表现线条。

化 妆

本节要介绍的是女生们都喜欢的化妆道具。
可以做给那些喜欢化妆的朋友们。

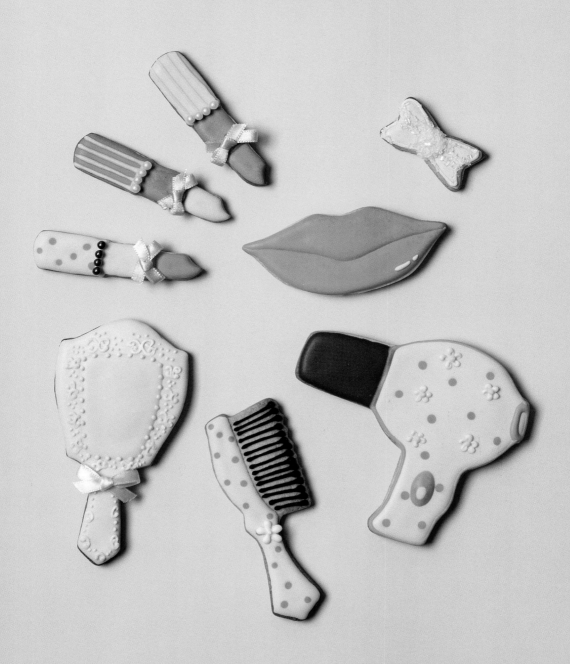

吹风机

饼干纸样　NO.63
饼干种类　原味饼干
糖霜
流动糖霜　粉红色●、深褐色●、
　　　　　大红色●
硬性糖霜　白色○、黄色●

1 如图所示，用粉红色和深褐色糖霜勾勒出轮廓。

2 用粉红色和深褐色糖霜分别铺面。

3 用大红色糖霜画上圆点，放置10分钟左右如图所示画上线，做出按钮的样子。

4 用白色糖霜画出花朵，用黄色糖霜如图所示在按钮和花上做装饰。

镜子

饼干纸样　NO.64
饼干种类　原味饼干
糖霜
流动糖霜　天蓝色●、浅灰色●
硬性糖霜　浅灰色●
辅助材料　蝴蝶结

1 如图所示，用天蓝色和浅灰色糖霜勾勒出轮廓。

2 用天蓝色糖霜铺面，放置5分钟后用浅灰色糖霜填实外圈的空白面。

3 放置10分钟左右，用浅灰色糖霜在镜子的边框画上圆点。

4 如图所示，用浅灰色糖霜装饰细节。

嘴唇

饼干纸样　NO.62
饼干种类　原味饼干
糖霜
流动糖霜　红色●、白色○

1 如图所示，用红色糖霜画勾勒出轮廓并铺面。

2 放置5分钟后用红色糖霜画出下面嘴唇的轮廓并填实。用白色糖霜如图所示画线，做出反光的效果。

5 用浅灰色糖霜在手柄处装饰细节。

6 最后粘上蝴蝶结。

发卡

饼干纸样　NO.68
饼干种类　原味饼干
糖霜
流动糖霜　粉红色●
中度糖霜　白色○
辅助材料　闪光砂糖

1 用粉红色糖霜画出轮廓，然后铺面。

2 放置10分钟，然后用白色糖霜画出飘带轮廓。

3 在风干之前，将其放在闪光砂糖上滚一下。

4 在中间，装饰上厚厚的粉红色糖霜，然后再撒上一些闪光砂糖。

梳子

饼干纸样　NO.67
饼干种类　原味饼干
糖霜
流动糖霜　粉红色○、红色●
硬性糖霜　黑色●、白色○

1 用粉红色糖霜画出上图所示的线条。

2 用粉红色糖霜铺面。

3 在风干之前用红色糖霜画上圆点。

4 放置10分钟，然后用黑色糖霜画出梳齿。用白色糖霜画上一朵小花。

口红

饼干纸样　NO.65
饼干种类　原味饼干
糖霜
流动糖霜　粉红色○、红色●、黄色○
硬性糖霜　黄色○
辅助材料　白色珍珠糖珠、飘带

1 用黄色和红色糖霜如上图所示画出轮廓并铺面。

2 放置5分钟，然后用粉红色糖霜将中间部分铺面。

3 用黄色糖霜（硬性）画出竖线条装饰。

4 如图所示，粘上白色珍珠糖珠，然后粘上飘带。

Chapter 5

幸福的日子

为你重要的人做一款糖霜饼干吧。
它也会成为让你感到更幸福的礼物。

情 人 节

被介绍最多的糖霜饼干造型或许就是心形了。
情人节或是白色情人节一样特别的日子作为礼物再合适不过了。

LOVE心形

饼干纸样　NO.73
饼干种类　可可饼干
糖霜
流动糖霜　粉红色●、白色○
硬性糖霜　淡绿色●、大红色●

1 用粉红色糖霜沿边缘勾勒出轮廓。

2 用粉红色糖霜铺面。

3 在放置之前用白色糖霜画上圆点。

4 在心形内侧用深红色糖霜如图所示画上线条，并用淡绿色糖霜写上文字。

用像黑色一样的深颜色装饰细节时，为了防止浸染，底色要尽可能干透。

薄荷色心形

饼干纸样　NO.73
饼干种类　可可饼干
糖霜
流动糖霜　薄荷色●
硬性糖霜　黑色●

1 用薄荷色糖霜沿边缘勾勒出轮廓。

2 用薄荷色糖霜铺面。放置30分钟后用黑色糖霜轻轻压住末端画上圆点，用同样方法画出三条线。

3 用黑色糖霜在线条之间如图所示轻轻压住末端做圆点装饰。

4 用黑色糖霜如图所示装饰细节。

白色心形

饼干纸样　NO.73
饼干种类　可可饼干
糖霜
流动糖霜　白色○
硬性糖霜　白色○

1 用白色糖霜沿外缘画出波浪线。

2 用白色糖霜铺面，放置10分钟左右用白色糖霜（硬性）在外缘画上圆点。

3 用白色糖霜如图所示互相交错地画两条线。

4 如图所示，用白色糖霜轻轻压住末端画上圆点，最后装饰细节即可。

白色情人节

非常适合送给心爱之人，
尤其在纪念日送出更有意义。

小熊

饼干纸样　NO.78
饼干种类　可可饼干
糖霜
硬性糖霜　白色○

1　用白色糖霜画出眼睛和鼻子。

2　再用白色糖霜画上蝴蝶结并写上文字。

薄荷花

饼干纸样　NO.75
饼干种类　可可饼干
糖霜
流动糖霜　薄荷色●
硬性糖霜　黑色●
辅助材料　银色糖珠

1　用薄荷色糖霜勾勒出轮廓。

2　铺面，并用牙签铺平。

3　放置30分钟后用黑色糖霜如图所示画出花纹。

4　用同样的方法画完剩下的叶片，中间粘上银色糖珠。

暑假

穿上条纹 T 恤和舒适的帆布鞋，
肩上背着包包和朋友一起度过愉快的假期，
光是想象心情就变得很好。

蓝色条纹T恤

饼干纸样　NO.77
饼干种类　原味饼干
糖霜
流动糖霜　蓝色●、白色○
硬性糖霜　白色○
辅助材料　101（16）号裱花嘴

1 如图所示，用白色糖霜勾勒出轮廓。

2 铺面，并用牙签铺平。

3 在凉干之前用蓝色糖霜如图所示画线。

4 将16号裱花嘴放置在裱花袋内做出荷叶边图案。

黑色条纹体恤

饼干纸样　NO.77
饼干种类　原味饼干
糖霜
流动糖霜　黑色●、白色○

1 用白色糖霜沿外缘勾勒出轮廓。

2 铺面，并用牙签铺平。

3 放置之前用黑色糖霜画出条纹。

5 用白色糖霜（硬性）画出珍珠项链。

太阳眼镜

饼干纸样　NO.79
饼干种类　原味饼干
糖霜
流动糖霜　黑色●、褐色●、深褐色●
辅助材料　银色糖珠（小）

1 用褐色糖霜沿外缘勾勒出轮廓。

2 铺面，并用牙签铺平。

3 用深褐色糖霜在镜框边缘画上圆点图案，然后在上面用黑色糖霜挤成如图所示装饰。

4 贴上银色小糖珠做点缀。

包包

饼干纸样　NO.74
饼干种类　原味饼干
糖霜
流动糖霜　白色○、黑色●、
　　　　　灰色●
硬性糖霜　褐色●

1　如图所示，用白色
　糖霜勾勒出轮廓。

2　铺面，并用牙签铺平。

3　在放置之前用黑色
　糖霜画线。

4　用黑色糖霜在包包
　上画出花纹。

5　再用黑色糖霜画出
　手柄的线条并填实。

6　如图所示，用灰色
　糖霜画出手柄根部
　线条并填实，并用
　褐色糖霜写上文字。

帽子

饼干纸样　NO.81
饼干种类　原味饼干
糖霜
硬性糖霜　褐色●
辅助材料　蝴蝶结

1　如图所示，用褐色
　糖霜勾勒出轮廓，
　在上半部画上竖
　线。

2　用褐色糖霜在帽檐
　部分画斜线，在上
　部分做出网格花纹。

3　帽檐部分也用斜线
　做出网格花纹。

4　粘上蝴蝶结。

篮子

饼干纸样　NO.76
饼干种类　原味饼干
糖霜
硬性糖霜　褐色●、黑色●
辅助材料　蝴蝶结

1 如图所示，用褐色糖霜勾勒出轮廓。

2 用褐色糖霜画出斜线。

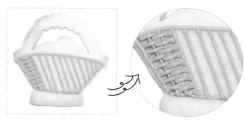

3 画上短短的横线，做出网格花纹。

4 用步骤3的方法填满整个空白面。

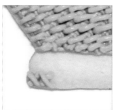

5 用褐色糖霜在篮子下端画上X字。

6 下端部分不留空隙的填实。

7 如图所示，用黑色糖霜不留空隙的画X字。

8 手柄处也画上X字。

9 粘上蝴蝶结做装饰。

春节

也可以用糖霜饼干来表现春节的气氛，
例如漂亮的韩服等传统韩式图案点心。

韩服

饼干纸样　NO.82
饼干种类　原味饼干
糖霜
流动糖霜　红色●、白色○、
　　　　　　粉红色●
硬性糖霜　白色○、红色●
辅助材料　金色珍珠粉

1 如图所示，用食用笔画出草图。用白色糖霜铺面。

2 放置5分钟左右，如图所示用粉红色糖霜画出轮廓。

3 用粉红色糖霜铺面。

4 双臂处用红色糖霜画出圆点，并在上面再用白色糖霜画出小圆点。

5 用牙签或是其他尖锐的道具轻轻搅动一两次。

6 放置10分钟后用红色糖霜如图所示画出裙子的轮廓。

7 用红色糖霜铺面。

8 放置10分钟左右，用粉红色糖霜画出裙子下摆的轮廓并填实。在用白色糖霜（硬性）画出飘带的线条。

9 放置10分钟左右用红色糖霜（硬性）画出飘带。

10 用白色和红色糖霜画出韩服的挂件。

11 放置一天左右，用金色珍珠粉和水或酒精混合如图所示用毛笔涂上。

花

饼干纸样　NO.80
饼干种类　可可饼干
糖霜
流动糖霜　白色○
硬性糖霜　红色●
辅助材料　玫瑰花粉

1　用白色糖霜沿边缘勾勒出轮廓。

2　铺面，并用牙签铺平整。

3　放置10分钟后用深红色糖霜画出花心。

4　准备粘上玫瑰花粉的毛笔。

5　放置10分钟左右，用毛笔如图所示轻轻地涂上即可。

复活节

用饼干代替煮鸡蛋来试着表现一下复活节的气氛吧。
用喜欢的装饰来做华丽的鸡蛋、十字架、小鸡。

十字架

饼干纸样　NO.98
饼干种类　原味饼干
糖霜
流动糖霜　白色○
硬性糖霜　白色○

1　用白色糖霜沿外缘勾勒出轮廓。

2　铺面，并用牙签铺平整。

3　放置10分钟后用白色糖霜（硬性）如图所示做装饰。

4　用白色糖霜（硬性）装饰细节。

十字架2

饼干纸样　NO.98
饼干种类　原味饼干
糖霜
流动糖霜　白色○
硬性糖霜　白色○、浅黄色
辅助材料　101号裱花嘴、裱花袋、花托

1　用白色糖霜沿外缘勾勒出轮廓。

2　铺面，并用牙签铺平整。

3　放置10分钟后用白色糖霜（硬性）如图所示画出线条。

4　用白色糖霜（硬性）如图所示画线。

5　在外缘的线上轻轻按压末端画出若干个圆点。

6　另外做出花朵并粘在饼干上。将101号裱花嘴安置在裱花袋上并放入浅黄色糖霜，挤出花朵的样子。需放置一天左右才能再进行包装。

Tip　做完花朵剩下的浅黄色糖霜放在保管盒里保管，需要的时候就可以很方便地使用。

小鸡

饼干纸样　NO.99
饼干种类　原味饼干
糖霜
流动糖霜　浅黄色◯、黄色◯、
　　　　　黑色●
辅助材料　玫瑰花粉

1　如图所示，用浅黄色糖霜勾勒出轮廓。

2　铺面，并用牙签铺平整。放置5分钟后用黄色糖霜画出喙和腿。

3　用黑色糖霜画出眼睛。

4　用毛笔粘上玫瑰花粉以表现脸颊的颜色。

薄荷色圆点鸡蛋

饼干纸样　NO.97
饼干种类　原味饼干
糖霜
流动糖霜　白色◯、薄荷色●、
　　　　　黄色◯
硬性糖霜　黄色◯
辅助材料　闪光砂糖

1　如图所示。用食用笔画出草图，用白色糖霜勾勒出轮廓。

2　铺面，并用牙签铺平整。

3　用薄荷色糖霜画上圆点。

4　用白色糖霜将下半部的空白面填实，用薄荷色和黄色的糖霜如图所示画上圆点。

5　放置5分钟左右用黄色的糖霜画出中间部分的轮廓并填实。

6　放置10分钟左右，用白色糖霜如图所示画出线。

7　凉干之前把饼干翻转粘上闪光砂糖。

8　用黄色糖霜（硬性）沿中间的线写上文字。

线条鸡蛋

饼干纸样　NO.97
饼干种类　原味饼干
糖霜
流动糖霜　黄色●、粉红色●
硬性糖霜　黄色●
辅助材料　金色珍珠粉

1　如图所示，用食用笔画出草图。用黄色糖霜沿草图勾勒出轮廓。

2　用黄色糖霜留下间隔铺面。

3　放置5分钟后，用粉红色糖霜如图所示画出轮廓并填实余下的空白面。

4　放置10分钟左右用黄色糖霜在分界线处画上波浪线。

碎鸡蛋

饼干纸样　NO.97
饼干种类　原味饼干
糖霜
流动糖霜　粉红色●、黄色●、黑色●、橙色●
硬性糖霜　粉红色●

1　如图所示，用食用笔画出草图。

2　用黄色糖霜如图所示勾勒出轮廓。

3　用黄色糖霜先填实脸部的空白面，放置5分钟左右再用粉红色糖霜铺面。

5　画上波浪线后放置一天左右，用金色珍珠粉和水或酒精混合如图所示用毛笔涂上。

4　用粉红色糖霜画出下半部的轮廓并填实。

5　用黑色和橘色的糖霜分别画出眼睛和喙。

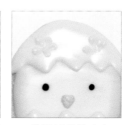

6　放置10分钟左右，用粉红色糖霜画出花朵。

7　在各处画上花朵后就完成了。

线条鸡蛋

饼干纸样　NO.97
饼干种类　原味饼干
糖霜
流动糖霜　浅黄色 ●、粉红色 ●
中度糖霜　黄色 ●
辅助材料　金色珍珠粉

1 用食用笔画出如图所示的线条，然后用淡黄色糖霜画出下面的轮廓。

2 如图所示铺面，并用牙签铺平整。

3 放置5分钟，然后用粉红色糖霜画出中间的轮廓然后铺面。

4 放置10分钟，用淡黄色糖霜（中度）如图所示画出上面的线条。

5 将线条之间填实，下面的部分也画同样的线条。

6 用黄色糖霜（中度）如图所示画上圆点。

7 用黄色糖霜（中度）如图所示画出图案。

8 用黄色糖霜（中度）如图所示画上圆点。

9 放置一天，然后将金色珍珠粉混合水或者酒精，用毛笔如图所示涂在饼干上。

万圣节

可以在万圣节食用的饼干，
可爱又能表现出万圣节特有的气氛。

幽灵

饼干纸样   NO.89
饼干种类   原味饼干
糖霜
流动糖霜   白色○
硬性糖霜   黑色●

1 用白色糖霜沿外缘勾勒出轮廓。

2 铺面，并用牙签铺平。

3 放置30分钟后用黑色糖霜画出幽灵的眼睛和嘴。

4 用黑色糖霜画出蜘蛛网和蜘蛛并写上文字。

骷髅脸

饼干纸样   NO.86
饼干种类   原味饼干
糖霜
流动糖霜   白色○
硬性糖霜   黑色●

1 用白色糖霜沿外缘勾勒出轮廓然后补充空白面。

2 铺面，并用牙签铺平

3 用黑色糖霜如图所示画出眉毛、眼睛、鼻子。

4 最后在画上嘴巴。

骷髅

饼干纸样   NO.85
饼干种类   可可饼干
糖霜
中性糖霜   白色○

1 用白色糖霜画出脸部轮廓并填实。

2 用白色糖霜画出骨骼。

万圣节南瓜

饼干纸样　NO.84
饼干种类　原味饼干
糖霜
流动糖霜　橙色●、黑色●、
　　　　　　绿色●

1 用食用笔画出草图。
用橘色糖霜沿着①
的线条勾勒出轮廓。

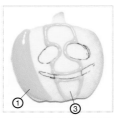

2 用橘色糖霜先把①
的部分填实，在画
出③的轮廓。

3 填实③的空白面
后放置5分钟左右。
用橘色糖霜继续填
实②和④的空白面。

4 放置10分钟后用黑
色糖霜填实眼睛的
部分。

5 用黑色糖霜填实嘴
唇的部分，在未干
的时候在除了嘴角
两头的地方用牙签
向两侧画长长的竖
线。

6 如图所示，在嘴巴
上全部画出竖线。

7 用绿色糖霜填实茎
的部分。

万圣节南瓜2

饼干纸样　NO.84
饼干种类　原味饼干
糖霜
流动糖霜　橙色●、黑色●、
　　　　　　绿色●

1 如图所示，用橘色
糖霜勾勒出轮廓。

2 铺面，并用牙签铺平。

3 用黑色糖霜画出蜘
蛛，用绿色糖霜填
实茎的部分。

斑点蝙蝠

饼干纸样　NO.83
饼干种类　原味饼干
糖霜
流动糖霜　黑色●、白色○、
　　　　　橙色●
硬性糖霜　黑色●

1　用黑色糖霜沿外缘勾勒出轮廓。

2　铺面，并用牙签铺平。

3　用橘色糖霜画上若干个圆点。

4　凉干10分钟后用黑色糖霜（硬性）如图所示画出线。用橘色糖霜在翅膀出画出花纹，用白色糖霜画出眼睛和嘴。

疯狂蝙蝠

饼干纸样　NO.83
饼干种类　原味饼干
糖霜
流动糖霜　黑色●、白色○
硬性糖霜　黑色●

1　用黑色糖霜沿外缘勾勒出轮廓并铺面。用黑色糖霜（硬性）如图所示画出脸部的线条。

2　用黑色糖霜画出翅膀的线条。

3　用白色糖霜画出眼睛和嘴。放置5分钟后再用黑色糖霜画出眼球和嘴。

5　放置10分钟后用黑色糖霜画出眼球和嘴巴。

蜘蛛蝙蝠

饼干纸样　NO.83
饼干种类　原味饼干
糖霜
流动糖霜　黑色●、橙色●

1　如图所示，用橘色糖霜勾勒出轮廓。

2　用橘色糖霜从内侧开始画线。

3　用线条填充整个空白面。

4　用黑色糖霜画出蜘蛛。

圣 诞 节

提起圣诞节会想到当天热闹的气氛，
周围都是圣诞节的歌声。
圣诞节糖霜饼干可以放在镜框里或挂到圣诞树上。

圣诞红/雪花

饼干纸样　　NO.87
饼干种类　　原味饼干
糖霜
硬性糖霜　红色●、绿色●
辅助材料　　银色小糖珠（小）、352
　　　　　　号裱花嘴、裱花袋

1 将352号裱花嘴放置在裱花袋内，并装入绿色糖霜，然后画出叶子状。

2 放置5分钟后，将352号裱花嘴放置在裱花袋内，并装入红色糖霜，然后画出花朵的样子。

3 在上面画出小的叶子，如图所示粘上银色小糖珠。

4 雪花用白色的糖霜画出线条，铺面后装饰成雪花的样子。

圣诞红花环

饼干纸样　　NO.90
饼干种类　　原味饼干
糖霜
硬性糖霜　红色●、绿色●
辅助材料　　银色小糖珠（小），
　　　　　　352号裱花嘴、裱花袋、
　　　　　　裱花专用托

1 在裱花专用托上铺上锡箔纸。

2 将352号裱花嘴放置在裱花袋内，并装入红色糖霜，然后画出花朵的样子。

3 挤出4瓣花瓣。

4 在上面再做出4瓣小花瓣。

糖霜如果特别厚，放置的时间可能需要2天左右。在制作之前提前做好会更加方便。

5 在中心粘上银色小糖珠。用同样的方法做出的花要放置1天左右。

6 将352号裱花嘴放置在裱花袋内，并装入绿色糖霜，然后画出叶子状。

7 把步骤5放置的花粘在绿叶上。

8 用同样的方法把饼干上面都粘上花。

袜子小猪

饼干纸样　　NO.94
饼干种类　　原味饼干
糖霜
流动糖霜　象牙色○、褐色●、
　　　　　　深褐色●、绿色●
硬性糖霜　象牙色○、绿色●、
　　　　　　红色●

1 如图所示，用象牙白色糖霜勾勒出轮廓。

2 用象牙白色糖霜铺面。用绿色糖霜如图所示画出上部分的轮廓。

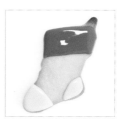

3 用绿色糖霜铺面。

4 将袜子饼干放置，在小猪饼干上用象牙白色糖霜沿外缘画出轮廓并填实。

5 放置30分钟后，在小猪脸的下部分挤上白色糖霜粘在袜子上。

6 用褐色糖霜在袜子中间部分画出轮廓并填实。

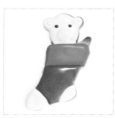

7 在小猪和袜子的交界线处涂上象牙白色的糖霜，使其看起来比较自然。用深褐色糖霜画出眼睛，用象牙白色糖霜（硬性）画出鼻子和耳朵。

8 如图所示，用绿色糖霜（硬性）装饰细节。

9 用红色糖霜做出缝线的样子。

10 画出小猪的手和鼻孔。

11 画出纽扣，或装饰其他细节。

红色袜子

饼干纸样　NO.93
饼干种类　原味饼干
糖霜
流动糖霜　红色●、白色○
硬性糖霜　绿色●、褐色●

1 如图所示，用红色糖霜勾勒出轮廓。

2 用红色糖霜铺面，并用牙签铺平。

3 放置10分钟后用白色糖霜画出中央部分的轮廓并填实。

4 放置10分钟后用绿色糖霜做出缝线的样子和花纹（上端）。用红色糖霜做出袜子的环，用褐色的糖霜写上文字。

鲁道夫

饼干纸样　NO.91
饼干种类　原味饼干
糖霜
流动糖霜　褐色●、黄色●、白色○、绿色●、蓝色●、红色●
硬性糖霜　深褐色●

1 用褐色糖霜沿外缘勾勒出轮廓。

2 铺面，并用牙签铺平。

3 放置10分钟后用白色和红色的糖霜画出眼睛和鼻子。

4 如图所示，用深褐色糖霜画出眉毛和眼球、嘴和鹿角上的线。

5 用黄色糖霜画上灯泡。

6 用各种颜色的糖霜装扮灯泡。

贴在红色袜子上的方法参照"袜子小猪"的步骤5。

圣诞树

饼干纸样　NO.95
饼干种类　原味饼干
糖霜
流动糖霜　绿色●、浅黄色○
硬性糖霜　深褐色●、红色●、
　　　　　　白色○
辅助材料　银色小糖珠（小）

1 如图所示，用绿色糖霜勾勒出轮廓。下部分用深褐色糖霜采用之字形的方式填实。

2 用绿色糖霜铺面，用浅黄色糖霜画上圆点。放置10分钟后用红色和白色糖霜画上飘带和拐杖并点上小圆点。

3 用褐色糖霜画出小人，用红色糖霜在拐杖上画出斜线。

4 粘上银色小糖珠，用白色糖霜写上文字。

圣诞老人

饼干纸样　NO.92
饼干种类　原味饼干
糖霜
流动糖霜　红色●、象牙色○、
　　　　　　白色○
硬性糖霜　淡绿色●、浅黄色○、
　　　　　　白色○、黑色●
辅助材料　16号裱花嘴、裱花袋

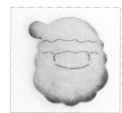

1 如图所示，用食用笔画出草图。

2 用象牙白色糖霜如图所示勾勒出轮廓并填实。

3 用红色糖霜画出帽子的轮廓后填实。

4 放置10分钟后用白色糖霜画出下巴的胡子和头发部分的轮廓并填实。

5 放置10分钟后用白色糖霜（硬性）画出下巴的胡子和头发的线条。

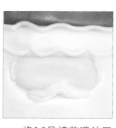

6 将16号裱花嘴放置在裱花袋内，并放入白色糖霜，然后画出八字胡的样子。

7 用同样的裱花袋转圈画出帽子球球的样子。用绿色糖霜写上文字，用浅黄色糖霜在胡须上点点。

花环

饼干纸样　NO.88
饼干种类　原味饼干
糖霜
流动糖霜　红色●
硬性糖霜　绿色●

1　如图所示，用食用笔画出草图。

2　用红色糖霜如图中的样子勾勒出轮廓并填实。

3　放置5分钟后，把装上绿色糖霜的裱花袋的角剪下后轻轻地压着末端画出若干个圆点。

4　重复同样的步骤直至填满空白面。

Tip

当没有和图片形状一样的饼干刀时，用中号花型的饼干刀在面团上切一下，在它的中央用小号的花型饼干刀再切一次做出甜甜圈的样子，再把用蝴蝶结型的饼干刀切出的面团粘在上面就做出花环的样子了。

房子

饼干纸样　NO.96
饼干种类　原味饼干
糖霜
流动糖霜　深褐色●、白色○、
　　　　　　粉红色●、红色●
硬性糖霜　白色○、黄色●、
　　　　　　红色●、绿色●

1　如图所示，用深褐色糖霜勾勒出轮廓。

2　铺面，并用牙签铺平。

3　放置10分钟，然后用白色糖霜画上房顶。

4　用白色糖霜表现烟囱上的积雪。用白色糖霜（硬性）在房子中央如图所示做装饰。

5　用粉红色糖霜如图所示画出心形并在上面挤上一点红色糖霜，然后用牙签轻轻地搅动做出大理石的样子。如图所示用粉红色装饰细节。

6　再做出其他有趣的点缀。

Chapter 6

和家人一起的日子

一边回想和家人或朋友在一起度过的那些特别的日子，
一边试着制作酷炫的饼干吧。
其中包含了旅行的激动、纪念日的感恩和许许多多的幸福瞬间。

旅 行

埃菲尔铁塔是充满浪漫气息的代表性符号,
用作装饰也非常漂亮。
仿佛可以感受到旅行地微风的连衣裙也充满情调。

埃菲尔铁塔

饼干纸样　NO.101
饼干种类　原味饼干
糖霜
流动糖霜　粉红色●
硬性糖霜　黑色●)

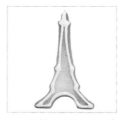

1 用粉红色糖霜沿外缘勾勒出轮廓。

2 铺面，并用牙签铺平。

3 放置30分钟后用黑色糖霜（硬性）如图所示画出横线。

4 用黑色糖霜（硬性）画X字并铺面，加强边缘的线条。

用毛笔的时候，沾了水以后要用厨房用纸稍微擦一下才能做出图中那样自然的效果。

连衣裙

饼干纸样　NO.100
饼干种类　原味饼干
糖霜
流动糖霜　白色○、红色●、
　　　　　　绿色●
中度糖霜　白色○
硬性糖霜　白色○
辅助材料　银色糖珠（小）

1 用白色糖霜画出裙子下摆的波浪线。

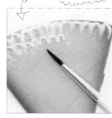

2 用毛笔沾点水如图所示做出晕开的效果。在画一层波浪线以后用同样的方法做效果。

3 如图所示，用白色糖霜勾勒出轮廓并填实。

4 放置之前用红色糖霜画出甜甜圈。

5 用牙签或是其他尖锐的道具搅动一两次做出花朵状。

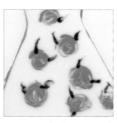

6 用绿色糖霜画出叶子并用牙签搅动一两次。

7 放置5分钟后用白色糖霜（中度）如图所示画出上端的轮廓并填实。放置10分钟并装饰细节。

8 用白色糖霜（硬性）在胸前画上圆点，粘上银色糖珠。

父母节/教师节

父母节或教师节，给父母或是恩师送上亲自制作的面包或饼干作为礼物时，如果是康乃馨形状的糖霜饼干那更是包含着深深情谊了。

*译者注：“父母节”是韩国特有的节日，为每年的5月8日。

康乃馨花束

饼干纸样	NO.103
饼干种类	可可饼干
糖霜	
流动糖霜	浅紫色●、白色○
硬性糖霜	紫色●、白色○、红色●、绿色●
辅助材料	16号裱花嘴、裱花袋、花托

1 如图所示，用浅紫色糖霜勾勒出轮廓。

2 铺面，并用牙签铺平。放置10分钟后用白色糖霜画出蝴蝶结并写上文字。

3 将白色糖霜挤在饼干上，然后粘上康乃馨（制作方法参考下一页）。用绿色糖霜画出茎，用白色糖霜画上圆点。

小熊康乃馨

饼干纸样	NO.102
饼干种类	可可饼干
糖霜	
流动糖霜	白色○
硬性糖霜	红色●、黑色●、紫色●、绿色●
辅助材料	101号裱花嘴、裱花袋、花托

1 用黑色糖霜画出眼睛和鼻子。

2 将白色糖霜挤在饼干上，然后粘上康乃馨（制作方法参考下一页）。用绿色糖霜画出茎。

3 用紫色的糖霜写上文字。

康乃馨制作方法

材料 花托、101号裱花嘴、
羊皮纸、裱花袋

1 在花托上，用套着
101号裱花嘴的裱
花袋挤出一点红色
糖霜，然后放上羊
皮纸固定。

2 把裱花嘴稍微倾斜
一些，在花托上转
圈用之字形的方法
来来回回挤出圆形。

3 做出想要的形状。

4 再一次在上面挤出
小圆形。

5 在最上面挤出一个
小圆形做出立体花
的效果。

6 从花托上把羊皮纸
拿下来置1天后
再使用。

婚 礼

本节将介绍像万圣节和圣诞节饼干一样有超高人气的婚礼饼干。
朋友给新郎、新娘做礼物或者新郎、新娘送给嘉宾做礼物都很适合。

燕尾服

饼干纸样　NO.106
饼干种类　原味饼干
糖霜
流动糖霜　黑色●、白色○
硬性糖霜　黑色●、灰色●

1 如图所示，用食用笔画出草图。用白色糖霜画出衬衫部分的轮廓并填实。

2 放置10分钟后用黑色糖霜画出燕尾服的轮廓。

3 铺面，并用牙签铺平。

4 放置5分钟后用黑色糖霜画出衣服的线条和纽扣，用灰色糖霜画出蝴蝶结和衬衫纽扣。

婚纱

饼干纸样　NO.112
饼干种类　原味饼干
糖霜
流动糖霜　白色○
硬性糖霜　白色○
辅助材料　蝴蝶结

1 如图所示，用白色糖霜勾勒出轮廓。

2 铺面，并用牙签铺平。

3 放置10分钟后用白色糖霜画出腰部的线条。

4 用白色糖霜（硬性）如图所示做出线条。

5 用白色糖霜在胸前上沿画上圆点。在下端用轻轻按压的方式画上圆点。

6 粘上蝴蝶结。

鸡尾酒

饼干纸样　NO.110
饼干种类　原味饼干
糖霜
流动糖霜　白色○、黄色●
硬性糖霜　黄色●

1 用白色糖霜沿外缘勾勒出轮廓。

2 铺面，并用牙签铺平。

3 放置30分钟后用黄色糖霜画出轮廓并填实。

4 凉干之前用白色糖霜画上圆点做出气泡的效果。

珍珠项链

饼干纸样　NO.105
饼干种类　原味饼干
糖霜
流动糖霜　薄荷色●
中度糖霜　白色○
辅助材料　白色珍珠糖珠、
　　　　　银色糖珠（小）

1 用薄荷色糖霜沿外缘画出轮廓并填实。

2 放置2-3小时左右，用白色糖霜画出项链的轮廓后将白色珍珠糖珠一颗一颗的粘上。

3 用同样的方法做出两条珍珠项链，在相连的连接部分粘上银色糖珠。

5 放置10分钟后如图中的样子用黄色糖霜（硬性）画出小小的甜甜圈，使鸡尾酒鲜更生动。

Tip 用特别稀的糖霜来固定糖珠的话，在未干透之前糖珠就有可能滑落，所以使用中度糖霜来固定糖珠比较合适。

戒指

饼干纸样　NO.108
饼干种类　原味饼干
糖霜
流动糖霜　白色○
硬性糖霜　白色○
辅助材料　闪光砂糖

1 如图所示，用白色糖霜勾勒出轮廓并填实。

2 放置10分钟后用白色糖霜画出上半部分的轮廓并填实。

3 在放置之前把饼干翻转使钻石的部分粘上闪光砂糖。

4 放置10分钟后用白色糖霜（硬性）如图所示装饰细节。

粉色王冠

饼干纸样　NO.107
饼干种类　原味饼干
糖霜
流动糖霜　粉红色●、红色●
硬性糖霜　白色○
辅助材料　闪光砂糖

1 用粉红色糖霜沿外缘勾勒出轮廓。

2 铺面，并用牙签铺平。

3 放置10分钟后用红色糖霜如图所示画出椭圆形。

4 在放置之前，翻转饼干使红色部分粘上闪光砂糖。

婚礼蛋糕

饼干纸样　NO.104
饼干种类　原味饼干
糖霜
流动糖霜　粉红色●
硬性糖霜　粉红色●、黄色●

1 如图所示，用粉红色糖霜勾勒出轮廓。

2 用粉红色糖霜铺面。

3 放置10分钟后，用粉红色糖霜（硬性）在下端轻轻按压末端画上若干个圆点。

5 用白色糖霜装饰并写上文字。

4 用粉红色糖霜如图所示装饰细节。

5 用黄色糖霜（硬性）画出蛋糕上面的蜡烛。

用裱花嘴做花
（参考NO.32）

珠宝盒

饼干纸样　NO.111
饼干种类　原味饼干
糖霜
流动糖霜　薄荷色●、白色○
硬性糖霜　薄荷色●
辅助材料　101号裱花嘴、裱花袋、
　　　　　花托

1 如图所示，用食用笔画出盒子的草图，用薄荷色糖霜沿着草图画出轮廓。

2 用薄荷色糖霜铺面，放置5分钟左右。在上面再次用薄荷色糖霜（硬性）加强线条感。

3 用白色糖霜画出箱子系带的轮廓并填实。

4 在套着101号裱花嘴的裱花袋里放入薄荷色糖霜，如图所示画出花朵，放置一天后粘在饼干上。

用毛笔的时候，沾了水以后要用厨房用纸稍微擦一下才能做出图中那样自然的效果。

雨伞

饼干纸样　NO.109
饼干种类　原味饼干
糖霜
流动糖霜　白色○
中度糖霜　白色○
硬性糖霜　白色○

1 用白色糖霜（中度）在雨伞末端按之字形画出轮廓。

2 把稍稍沾了一点水的毛笔轻轻擦掉多余的水分后，运笔做出图片中的效果。

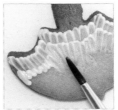

3 用白色糖霜再画一次之字形的轮廓并用毛笔做出效果。

4 在上端部分用白色糖霜画出轮廓并填实，然后画出手柄。

5 用白色糖霜（硬性）如图所示装饰细节。

饼干纸样

请参照P19使用。

NO.1

NO.2

NO.3

NO.4

NO.5

NO.6

NO.7

NO.9

NO.8

NO.11

NO.10

NO.12

thank you

NO.14

NO.13

Rua

NO.15

NO.17

NO.16

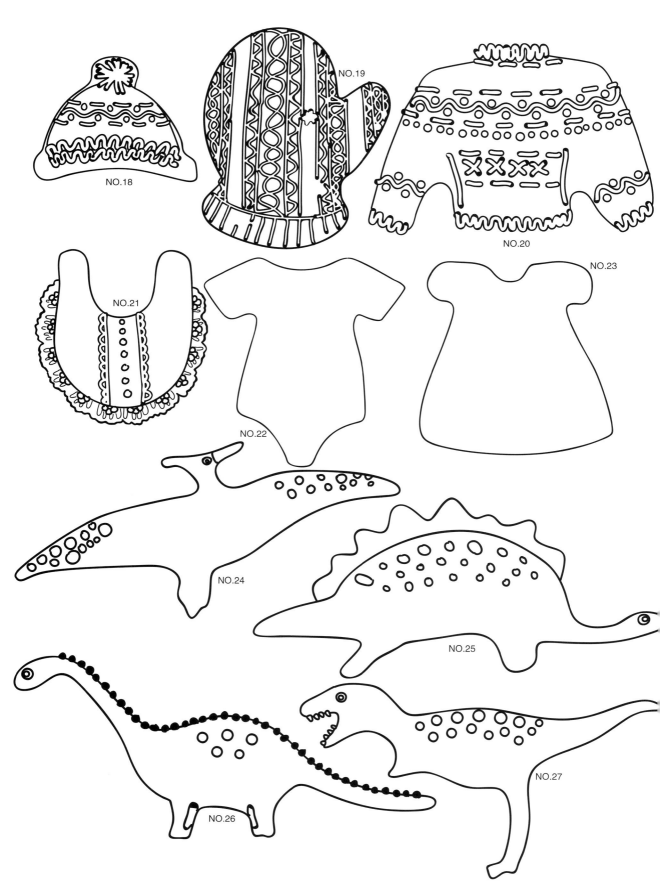

NO.18

NO.19

NO.20

NO.21

NO.22

NO.23

NO.24

NO.25

NO.26

NO.27

NO.28

NO.29

NO.30

NO.31

NO.32

NO.33

POLICE

NO.34

NO.35

NO.36

NO.37

NO.38

NO.39

NO.40

NO.42

NO.44

NO.43

NO.41

NO.45

NO.48

NO.49

NO.46

NO.47

Sugar

NO.50

NO.51

bowl

NO.52

NO.53

NO.54

NO.55

NO.56

NO.57

NO.58

NO.59

NO.60

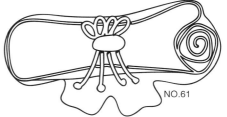

NO.61

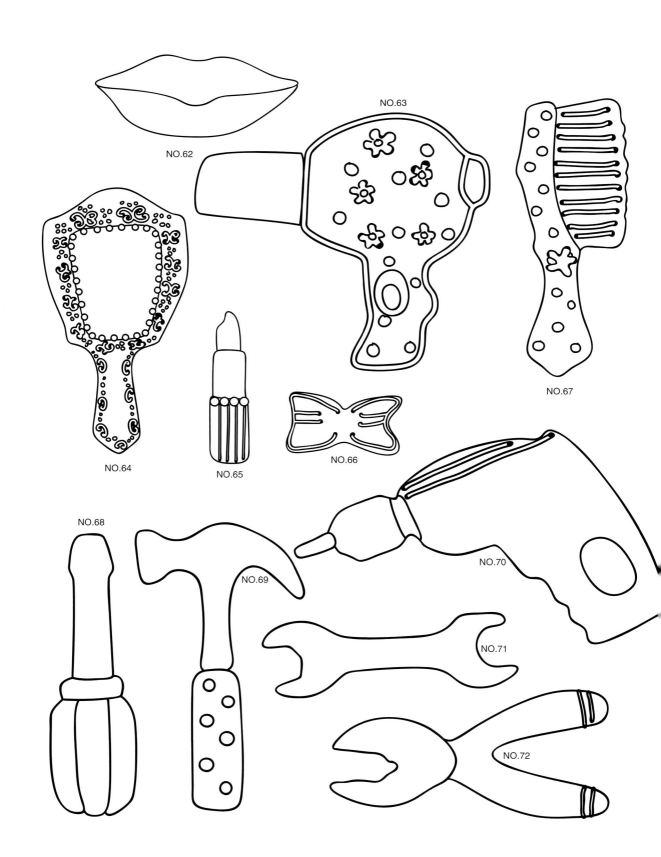

NO.62

NO.63

NO.67

NO.64

NO.65

NO.66

NO.68

NO.69

NO.70

NO.71

NO.72

NO.73

NO.74

NO.75

NO.76

NO.77

NO.78

NO.79

NO.80

NO.81

NO.82

이야기

NO.83

NO.84

NO.85

NO.86

NO.87

NO.88

NO.89

NO.90

NO.91

NO.92

NO.93

NO.94

NO.95

NO.96

NO.97

NO.98

NO.99

NO.100

NO.101

NO.102

NO.103

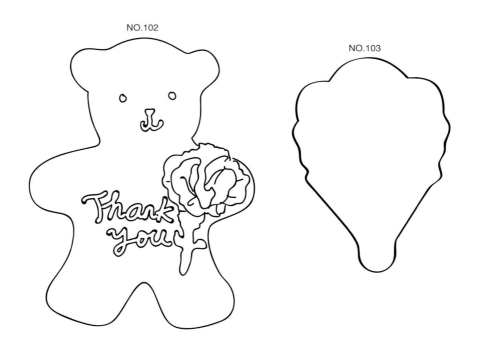

NO.104

NO.105

NO.106

NO.107

NO.108

NO.109

NO.110

NO.111

NO.112

Rua

让人惊叫的
糖霜饼干